高代謝
地中海日常菜

EVERYDAY'S MEDITERRANEAN MEALS

《 推薦序 》

滿足身體和味蕾的健康料理

　　因為工作認識馬可老師，這幾年看著他認真工作、認真生活，身體力行將地中海飲食實踐並成功的推廣，非常佩服。馬可老師也用他的餐飲專業和經驗，將各種食譜設計得營養又好吃，推薦給想健康又健美的你！

食譜作家 宜手作

用臺灣廚房喚醒地中海靈魂

　　當橄欖油遇見臺灣味噌，當草蝦仁邂逅蒜香燜煎——這不是異國料理的簡單複製，而是謝長鴻（馬可）主廚以 30 年廚藝為橋樑的文化再造。翻開《高代謝地中海日常菜》，您將見證一位亞洲少有的高階品油師，如何將蟬聯八年全球冠軍的地中海飲食，煉成臺灣家庭灶臺上的日常魔法。

　　書中每一道菜譜都是對現代生活的溫柔革命：「六十秒蝦仁」破解時間桎梏，「免開火烤菇」解放廚房勞役，「奶油味噌豬梅花」更用本土食材完成風味精釀。這些黃金配方中，凝結主廚瘦下 36 公斤後，維持十年不復胖的減重成果，將「減醣吃好油」的科學理念，化作舌尖能感知的幸福溫度。

　　超越健康食譜的維度，本書更是一部「代謝覺醒」生活宣言——從採購動線優化到一週備餐心法，從橄欖油科學到當令食材搭配，馬可以廚藝哲人的身分，邀您參與這場跨越文化的飲食對話：健康不必是苦行，高效無需犧牲美味。讓這本承襲暢銷基因的「飲食進化論」，帶您在煙火日常中，找回身心平衡的生命節拍。

上海英國煌庭集團 LAVIDA 西班牙餐廳 總經理／總廚 張耀升 Benson

享受美食，拿回對食物的主控權！

常跟瘦身的朋友分享一個觀念——「一個瘦身的飲食方法，沒有辦法持續一輩子，請不要去做，因為當你行為停止，就是復胖的開始。」順應對美食的慾望，拿回對食物的主控權，讓獲得健康是基本，讓瘦成為副作用。

這次有幸拜讀馬可老師的新書《高代謝地中海日常菜》，感謝馬可老師聽到上班族、小資群及家庭人口少的心聲，不僅提供健康又美味的地中海料理食譜，書中的每道料理只需花少少時間、家中簡單烹調、小家電就可以完成，重點連上班、上學適合的便當菜都幫大家設計好，讓人人成為地中海料理高手。

想要享受美食不再有罪惡感，還可以達到健康，且擁有好體態，這本書千萬不要錯過。

美商公司產品講師營養師 陳淑萍

為自己與家人準備的每日餐桌風景

認識馬可老師十年，他對健康飲食的態度始終表裡如一。這十年間，我親眼看見他怎麼吃、怎麼煮、怎麼用最真實的方式實踐「吃得好，就是愛自己」。

他為人大方真誠，如他的料理一般，樸實無華，卻總是飽含誠意——不做作、不浮誇，滿滿都是料，每一道都為了讓人吃得安心、活得有力。

這本《高代謝地中海日常菜》，就像他本人：溫柔、實在，專注於把簡單的事情做好。裡面每一道食譜，都是他親身實踐、每日為自己與家人準備的餐桌風景。

如果你正在尋找一種能長久相伴的健康飲食方式，這本書不只是參考，更是陪伴。願你在每一次下廚、每一口咀嚼之間，都感受到這份來自生活深處的溫柔力量。

減醣烘焙料理人、《職人配方！減醣烘焙料理》作者 莉雅

《 推薦序 》

帶你將地中海飲食，落實在日常三餐中

　　馬可老師是我在南陽街補習班的同學，認識他也有 30 年了，在一次偶然的緣份巧遇了對方，才知道我們不約而同地愛上餐飲這條路，馬可主廚用自己的故事證明，健康與美味可以並存！

　　他從 118 公斤到減重 36 公斤不復胖，把地中海飲食落實在日常三餐裡，不藏私地分享如何「吃得好、瘦得巧」。

　　這本書不只是健康瘦身的食譜，更是一種生活上的哲學。每一道料理都非常簡單上手，而且還蘊含著對食材與橄欖油的專業堅持。

　　如果您也想吃得開心、瘦得輕鬆，一定要跟著馬可主廚的腳步，一起享受高代謝的美味人生。

歐華酒店 地中海牛排館主廚 葉銘富 Felix Yeh

享受廚房裡的健康生活好滋味

　　江湖人稱「地中海男神」的馬可主廚絕不只是擺 POSE 撒鹽的主廚，他認真細心，從挑食材、調味、料理技巧到星級擺盤，從電視節目到私廚餐桌，從料理書到社群平台，馬可總是用最親切實用的方式，把地中海飲食的精華介紹給大家。為了對優質橄欖油的熱情，馬可主廚更親自鑽研考取品油師資格，就是要讓大家品嚐到地中海的健康與美味。

　　而且馬可主廚不只自己帥，還超願意分享！最厲害的是，有這樣的飲食習慣以後，馬可從圓潤主廚變身讓人眼睛一亮的地中海男神！誰說吃得健康就不能吃得好？馬可就是最佳證明。

　　只要翻開馬可的料理書，你會發現：地中海料理不只健康美味，還這麼繽紛有趣！恭喜馬可再推新作，這本書一定會讓更多人吃得開心、活得有力，更懂得享受廚房裡的健康生活好滋味。

中廣蔣公廚房金鐘主持人 蔣偉文

((作者序))

進入 AI 自煮時代
—— 健康地中海料理日常

把地中海料理融入日常，其實比你想像中簡單得多——
尤其在這個 AI 都能幫你想菜單、配食材的自煮時代！

自從十多年前，因為身體出了狀況，我被迫開始正視健康問題，
從 118 公斤一路減到 82 公斤，讓滿江紅的健康檢查變得漂亮到不行，
靠的不是斷食、也不是飢餓，而是一種能吃一輩子的「地中海飲食」。

你可能陪著我走過前四本地中海料理書的旅程，
也知道我一直相信：「真正好的飲食方式，是能持續的方式。」
地中海飲食，就是我親身實踐後，選擇留下來的生活習慣。

從氣炸鮭魚、燜燒蔬菜到減醣馬可巫婆湯、雞胸蔬菜滿罐沙拉，
每一道菜都層次豐富、吃得開心又有飽足感，
讓我自然戒掉垃圾食物，沒什麼好「慰藉」的，因為吃正餐就超爽快！

十年前，我還覺得「為了健康，大家應該願意多花點時間煮飯吧？」
現在……你我都知道，生活節奏快到連 AI 都來幫我們配餐了！
每天早上匆匆出門，中午便當 30 分鐘解決，晚上還要加班、追進度，
連要有時間看短影音或做點菜，根本是天降奇蹟。

這幾年我被問最多的，就是這幾句話：
「老師，有沒有更快的方法？我也想吃健康，但真的沒空啊！」
「每天想菜單好煩，可以給我一套懶人版嗎？」
「氣炸鍋可以做地中海料理嗎？要簡單一點啦～」

於是，我回到原點問自己：
要怎麼讓地中海飲食真正走進台灣人的日常生活？
答案就是：更簡單、更快速、更懶人友善——更 AI 時代！
於是，就有了這本《高代謝地中海日常菜》。

這一次的料理設計，我刻意減法處理，
從採買、備料到料理、保存，每一步都走「速簡實用」風格：
▷ 用氣炸鍋、烤箱、小家電，一鍵完成美味料理。
▷ 做好放冰箱的預調理＆常備菜，一加熱就能吃。
▷ 上班族也能吃的便當菜，冷熱都好吃不走味。
▷ 更棒的是：15 分鐘快速上桌！不用計算熱量、不用追蹤 App。

而且，這次我也測試了幾組 AI 菜單工具，
只要輸入書中的食譜或拍照這本書的結構，
就能自動幫你搭配主菜＋配菜＋澱粉哦！

我想透過這本書告訴你：
健康是最值得的投資，而這個投資，其實一點都不難！
你不需要辭職當料理人、也不需要算熱量算到焦頭爛額，
只要掌握地中海飲食的精神，在生活中累積小小的改變，
你會發現──
身體會誠實地給你最好的回報：更有精神、更瘦、更不容易累，
還能照顧好自己，也照顧好你愛的人。

這，就是我們一起迎接的 AI 自煮時代：快速 × 健康 × 有感的地中海日常！

((目錄))

002 … 推薦序
006 … 作者序

CHAPTER 1
地中海飲食就是 ——
吃得好，才能過得更好！

014 … 開啟我第二人生的「全球最佳飲食法」
　　　開始地中海飲食後，我的健檢紅字都消失了！
　　　瘦下 36kg、20% 體脂，10 年沒再復胖過
　　　精神變好、思緒清晰，心情也變得更穩定
018 … 真正讓你瘦下來的，不是「挨餓」，而是「吃對」！
　　　動不動就餓、嘴饞？其實是你的「營養不足」
　　　給身體需要的食物，是提升代謝力的關鍵
　　　吃得滿足、瘦得漂亮！才能算是健康的飲食
022 … 用食物的力量，吃出健康高代謝體質
　　　天然的抗氧化力
　　　強化心血管、抗發炎
　　　穩定血糖，脂肪不易堆積
　　　提供全面性的營養
024 … 自煮、外食都適用的地中海飲食原則
　　　有意識挑選「原型食物」
　　　添加適量的「好油脂」
　　　食材盡可能「多樣化」

CHAPTER 2
一日三餐最好實踐！
我的地中海料理生活

028 … 改變飲食習慣，其實比你想像中簡單！
　　　STEP1. 選擇吃什麼？──能吃食物，就不吃食品
　　　STEP2. 判斷吃多少？──掌握「321黃金比例」搭配原則
　　　STEP3. 決定怎麼煮？──要好吃，也要簡單、方便、省時
030 … 用容易取得的食材，做最健康的美味！
　　　蔬菜──最容易取得的營養寶庫
　　　蛋白質──建構身體細胞的主材料
　　　澱粉──提供代謝的能量與飽足感
　　　油脂──吃出抗發炎的免疫保護力
040 … 超市就是食材寶庫！我的地中海採購計畫
042 … 活用速簡技巧，讓餐廳料理變家常菜！
　　　預調理、常備菜──隨時想吃就能立刻上菜
　　　小家電料理──按一鍵就完成的懶人救星
　　　快速料理── 15分鐘上桌的超省時美味
　　　地中海便當──出門在外也能吃到滿分營養
　　　自製萬用醬料──隨意加就好吃的調味神手
046 … 快速調好味！用好油自製萬用醬料
056 … 80% 健康＋ 20% 彈性，我的早午晚餐實踐法
058 … 一週菜單大公開！從三餐、便當到早午餐都滿足

CHAPTER 3
快速滿足的美味早餐

- 068 … 用早餐啟動一整天的活力！
- 070 … 完美水煮蛋・溏心蛋
- 072 … 苦茶油水煎蛋
- 074 … 馬可杯杯蒸蛋
- 075 … 小魚蝦仁杯杯蒸蛋
- 076 … 橄欖油香料炒蛋
- 078 … 浩克綠拿鐵
- 079 … 超級花青素紅拿鐵
- 080 … 纖活白拿鐵
- 081 … 抗發炎蘋果黃拿鐵
- 082 … 活力巧克力果昔
- 083 … 檸檬優格沾醬
- 084 … 小魚脆口酪梨醬全麥三明治
- 086 … 酪梨豆腐芽菜墨西哥卷
- 088 … 胡椒風味毛豆醬鮮蝦米紙卷
- 090 … 鷹嘴豆泥口袋餅
- 092 … 小黃瓜優格雞胸黑麥三明治

CHAPTER 4
高蛋白質的豐盛主菜

- 096 … 均衡攝取蛋白質，打造強健的代謝力！
- 098 … 六十秒燜煎草蝦仁
- 100 … 紙包香蔥櫛瓜鱗片烤鯛魚
- 102 … 紅黃彩椒油醋炒中卷
- 104 … 炭火甜椒醬燴鱸魚
- 105 … 蔥香胡椒油醋蒸小魚
- 106 … 白酒洋蔥醬燴淡菜
- 108 … 馬鈴薯絲氣炸鮭魚
- 110 … 紫洋蔥燜煎鯖魚片
- 112 … 燻鮭酪梨胡麻拌豆腐
- 114 … 地中海式氣炸嫩雞胸
- 116 … COLUMN 三種口味嫩雞胸
- 118 … 迷迭香橄欖油氣炸半雞
- 120 … 義大利香料氣炸雞腿
- 122 … 黃檸檬香氛油醋烤雞翅
- 124 … 抗發炎薑黃燉棒棒雞腿
- 126 … 高蛋白雞肉豆腐漢堡排
- 128 … 芝麻葉烤豬絞肉串
- 130 … 泰泰愛吃酸辣松阪豬
- 131 … 快炒西芹油醋梅花豬肉片
- 132 … 奶油味噌燉豬梅花
- 134 … 番茄蔬菜多酚烤牛小排
- 136 … 翼板牛秋葵洋蔥捲
- 138 … 洋蔥黑啤酒燉牛肋條

CHAPTER 5
營養豐富的蔬菜配菜

- 142 … 發揮天然蔬菜的力量，找回體內的代謝平衡！
- 144 … 爐烤綜合野菇
- 145 … 脆化羽衣甘藍
- 146 … 義大利風味櫛瓜麵
- 148 … 簡易版普羅旺斯燉菜
- 150 … 蔥香胡椒油醋烤玉米筍
- 152 … 油醋燜燒綜合時蔬
- 154 … 蔬菜絲薑黃雞胸優格沙拉
- 156 … 櫛瓜緞帶海蝦沙拉
- 158 … 白酒燜煎干貝花園沙拉
- 160 … 雞胸蔬菜滿罐沙拉
- 162 … 金針菇醬拌櫛瓜中卷麵沙拉
- 164 … 鮪魚蛋碎雙色花椰菜沙拉
- 166 … 泰泰芭樂大薄片沙拉
- 168 … 京都水菜小魚豆腐沙拉
- 169 … 雙色高麗菜黃檸檬沙拉
- 170 … 減醣馬可巫婆湯
- 171 … 早餐燕麥湯
- 172 … 白洋蔥茭白筍濃湯
- 174 … 紅蘿蔔堅果湯
- 176 … 無麩質松露野菇濃湯
- 178 … 高纖芥蘭菜濃湯
- 180 … 白花椰菜紅藜麥濃湯
- 182 … COLUMN 基礎雞高湯

CHAPTER 6
健康高纖的澱粉主食

- 186 … 吃好澱粉，補好活力，為身體提供充足能量！
- 188 … 高纖三色藜麥飯
- 189 … 薑黃燕麥梗米飯
- 190 … 苦茶油香黑米飯
- 191 … 紅蔥野菇糙米飯
- 192 … 橄欖油燕麥毛豆玉米飯
- 193 … 薑黃牛肉毛豆炒飯
- 194 … 蝦仁三色藜麥炒飯
- 196 … 黑嘛嘛小魚雞丁炒飯
- 198 … 花枝彩椒紅蔥野菇炒飯
- 200 … 地中海風味烤馬鈴薯
- 201 … 迷迭香氣炸南瓜片
- 202 … 薑黃松露風味馬鈴薯泥
- 203 … 白花椰菜馬鈴薯泥
- 204 … 黃檸檬風味雙色地瓜球

這一路走來，我最大的體悟是：
真正的健康，不是拚命戒斷什麼，
而是每天選擇對自己更好的東西。
不用完美，也不用自虐。
只要每天往前一步，每一口吃進去的食物，
都是對未來自己身體的投資。

地中海飲食就是──
吃得好，才能過得更好！

# 開啟我第二人生的「全球最佳飲食法」

我在出上一本書時,「地中海飲食法」已經連續三年被《美國新聞與世界報導(U.S. News & World Report)》評選為「整體最佳飲食法」。沒想到現在,默默來到第八年了,世界衛生組織(WHO)也公開表示,「地中海飲食法」是全世界最健康的飲食方式之一。

也許你會好奇,「為什麼這麼多人推崇地中海料理?」但與其說是推崇,我認為改成「為什麼大家都愛地中海料理?」會更貼切。因為事實上,只要開始認識地中海飲食法,你就會發現,這種飲食方式既簡單又美味,還可以「不小心」把健康慢慢吃進身體裡。

開始地中海飲食後,
我的健檢紅字都消失了!

我以前是一個典型的愛吃鬼,早上一定是蛋餅、漢堡,配上大冰奶。下班後,為了彌補心靈空虛,一定要來個鹽酥雞加黑松沙士。那時候在廚房每天忙得像陀螺,常常靠亂吃,快速打發一餐,心態上總抱持著「反正年輕嘛,吃什麼都無所謂,爽快比較重要」。

直到突如其來的一場癱倒意外,我在家門前倒地 15 分鐘無法動彈,醫生看著我身體的各種檢測數字,眉頭微微皺起。血壓偏高、肝指數超標、膽固醇破錶,還有超級明顯的脂肪肝⋯⋯「馬可,再這樣下去,三高不是夢喔!」醫生笑著說。但我聽得出來那笑容後的擔憂。

△ 當年體脂將近 40%、體重破百的身材。

那一刻，我才驚覺，身體不是理所當然健康的，它需要被好好對待。於是，我開始認真學習各種健康飲食法。舉凡高蛋白飲食、低醣飲食，甚至斷食法，我都親身體會過。但老實講，大部分方法都太極端，不是餓得眼冒金星，就是痛苦得像在修行。

後來，我決定回頭看看自己每天都在做給客人吃的南歐料理，也就是「地中海料理」。一開始吸引我的，是食物本身的豐富多元，番茄、檸檬、芝麻葉、海鮮、白肉等食材顏色，讓每一盤菜看起來都色彩繽紛。吃進嘴裡的是美味，也是滿滿的能量，難怪我的客人們都吃得這麼開心。

最重要的是，這種飲食法沒有讓我感到「犧牲」或「痛苦」，反而是一種好的提醒，提醒自己「你要吃得更好，活得更好」。

以前健康檢查看報告，心情彷彿等開獎，不知道這次又是怎樣的滿江紅，異常指標又增加了多少。但開始執行地中海飲食後，紅字慢慢轉成綠油油的正常範圍——血壓穩定、膽固醇下降、脂肪肝不見，連血糖指數也變得漂亮極了。醫生看到我的檢查結果，也開玩笑說：「這種報告，都可以當教材了！」

△ 剛開始出現健康危機，試著改變飲食的時期，是我人生中的轉捩點。

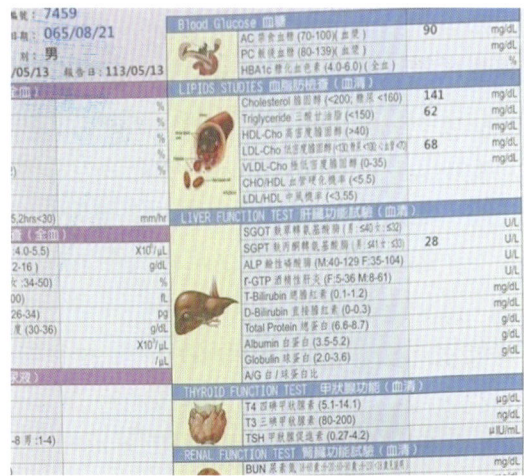

△ 以前滿江紅的健檢報告，現在已經沒有紅字。

瘦下 36kg、20% 體脂，
10 年沒再復胖過

　　地中海飲食，是透過食物「提供身體需要的營養」，自然而然讓代謝變得更好。開始實施地中海飲食後，我在一年半內就從 118 公斤瘦到 90 公斤，再慢慢減到 82 公斤，體脂到現在也幾乎減了 20%，而且沒有再復胖過。

　　因為地中海飲食養成的是高代謝體質，而不是靠意志力硬撐的短暫瘦身，因此更能夠輕鬆維持體態。還記得一開始亂減重時，只要多吃一點，體重立刻上升，怎麼運動都消不掉。現在呢？即使偶爾小聚大餐，只要隔天回到地中海飲食模式，體重自然就回來了。

精神變好、思緒清晰，
心情也變得更穩定

　　這個改變，比體重減少更讓我驚喜。原本常常一整天忙碌工作，到了吃飯休息時間，一坐下來就哈欠連連，整個人昏昏沉沉。但現在不一樣了，只要有睡飽，每天都能精神飽滿，頭腦思緒清晰，做事效率大大提升。而且因為身體變舒服了，情緒自然也很穩定，在廚房忙進忙出時容易出現的煩躁、焦慮都大幅減少。

　　自從我 34 歲那年，因為健康危機開始減重，靠地中海飲食瘦下 36 公斤，再到 40 歲出第一本地中海食譜。我從一開始帶著疑惑的心情，到發現地中海飲食的魅力而認真鑽研，然後再到現在，將其自然落實於生活中，說真的，回顧這十幾年來最大的收穫，減重反而只是小事（雖然瘦下 1/3 個自己還是超有成就感！），**身體變健康、心情變開朗、每天醒來都覺得「哇，感覺今天又是能量滿滿的一天！」這才是地中海飲食帶給我最大的改變。**

△ 每天吃得健康又好吃,身心自然都滿足了。

CHAPTER ① 地中海飲食就是——吃得好,才能過得更好!

真正讓你瘦下來的，
不是「挨餓」，而是「吃對」！

同樣身為減重者，我發現很多人減肥減到最後，最常出現的心聲就是：「為什麼我明明吃很少，還是瘦不下來？！」我跟你說，這絕對不是你的意志力不夠，也不是你的執行力不好，問題往往出在你吃錯了東西，搞壞了自己的代謝！

以前的我，在減肥初期，也踩過很多減肥的地雷。少吃、跳過正餐、不敢碰油，甚至斷食，這些我統統體驗過，結果怎麼樣呢？體重一開始的確有往下掉，但人感覺變得超虛，因為肚子很餓，工作時也變得脾氣暴躁，最慘的是，只要稍微不小心多吃一點點，體重馬上報復性反彈，比原本還胖。

後來，在我更加認真研究地中海飲食以及橄欖油之後，才慢慢明白一件超重要的事：**真正能讓你瘦下來的，不是「挨餓」，而是「吃對」**。所以，地中海飲食為什麼能讓人越吃越瘦？**關鍵就在，你必須先給身體真正需要的營養**。

動不動就餓、嘴饞？
其實是你的「營養不足」

很多減肥法都會以「少吃、斷食、節食」為手段，但地中海飲食不走這種硬派路線。它強調的是怎麼把「該給身體的養分給到位」，而要達成這個目標，依靠的便是——**高纖維的蔬菜、富含多酚的好油、足量的優質蛋白質（像魚、海鮮、白肉），以及天然的原型澱粉（像藜麥、地瓜、燕麥）**。

當身體吃到真正需要的東西時，自然不會經常發出「我好餓！」的警報。身體能量穩定，代謝系統也會慢慢修正回正常，瘦身就變得輕鬆又自然。

給身體需要的食物，
是提升代謝力的關鍵

接下來，你必須學會控制血糖，才能避免囤積脂肪。血糖波動大時，我們的身體就會一下抑制脂肪分解，一下又以為缺乏能量（增加飢餓感），而且整個人昏昏欲睡，不僅是造成肥胖的主要原因之一，也容易導致身體慢性發炎，影響你的生活和健康。

地中海飲食大量運用了「低升糖」的食材，比如豆類、蔬菜、全穀雜糧。這些食物可以讓你的血糖曲線走得很平穩，不會大起大落，胰島素自然不會常常飆高，也就減少了身體「趕快囤積脂肪」的緊急指令。簡單來說，就是不要讓血糖搭乘雲霄飛車，脂肪也就沒有地方儲存啦！

△ 均衡攝取各種食材，才能獲得全面性的營養。

CHAPTER ① 地中海飲食就是——吃得好，才能過得更好！

018 — 019

吃得滿足、瘦得漂亮！
才能算是健康的飲食

除此之外，**進行飲食減重時，讓自己吃得開心，才是能堅持下去的不二法門**。老實講，很多節食法失敗的最大原因，不是方法不對，而是「太痛苦」了。跟朋友開心聚餐時，自己卻只能挨餓吃著一些特定食物（而且通常都不太吸引人），看著別人吃得香噴噴、自己卻要強吞口水，久了誰受得了？

但地中海料理可不一樣，它會用橄欖油煎鮭魚，搭配香草、烤蔬菜，一盤色彩繽紛又美味的料理上桌，誰能拒絕？或是一碗濃郁的番茄蔬菜湯，搭配帶有黃檸檬香氣的油醋烤雞翅，熱熱吃上一口，幸福感直接爆錶！

我常常跟學生們分享一個觀念：**真正好的飲食，不是讓你忍得很痛苦才算成功，而是讓你每天覺得「這樣吃也太幸福了吧！」，然後自然瘦下來**。地中海飲食，就是這樣一種溫柔又有力的改變，**不急不徐地把你的體質從裡到外慢慢調整，養出真正高效運作的代謝系統**。

另外我想提醒大家，必須給自己一個充足的時間，就像我胖了 30 年，怎麼可能 3 天就瘦下來呢。

走過這不復胖的十年，靠的不是意志力，而是「生活化的習慣」。地中海飲食給我的不是「禁止清單」，而是「選擇權」。我學會了聆聽自己的身體，知道什麼食物吃了會讓我變得有力量，什麼東西吃了只會讓我更疲憊。

地中海飲食讓我重新找回了自己。如果你問我：「十年前的那個決定，值得嗎？」我會大聲告訴你：值得，而且無比值得！

▷ 地中海料理中，含有多樣豐富的食材。

CHAPTER 1 地中海飲食就是——吃得好，才能過得更好！

020 — 021

用食物的力量，
吃出健康高代謝體質

說真的，十多年前我身體出了狀況，剛開始接觸地中海飲食時，也不是為了要跟什麼潮流接軌，單純就是，「這種吃法，剛好符合我的工作內容」。

當時我在一間義大利餐廳任職，每天做菜都使用橄欖油，新鮮的蔬菜水果唾手可得，魚蝦海鮮也是每天都出現在我的生活周遭。當醫師提醒我要注意身體健康，並且改變飲食方式的時候，我發覺，其實在我身邊就有很多優質食材，而且不需要過度烹調，只要加一點香料，味道馬上就變得豐富有層次。重點是，這樣吃完後，肚子很舒服、沒有沉重感，也不會嘴饞想找零食。

慢慢地，從選擇食材到改變烹調，我形成了一套新的飲食方式，也變成了我每天的飲食習慣。後來，身邊朋友陸續發現了我的改變，他們滿腹好奇詢問：「欸？馬可，你是不是氣色變好了？」「你是不是瘦了一點？」「你怎麼吃這麼多，還這麼有精神啊？」我才知道，原來它不光只是好吃而已，背後還一整套強大的健康邏輯。

1 天然的抗氧化力

地中海飲食最重視「原型食物」，也就是減少加工，食材大多是蔬菜、水果、豆類、全穀物，肉類以白肉、海鮮為主。這樣的組合，能夠從食物中攝取到身體需要的各種植化素、酵素、維生素等營養，不僅能夠促進新陳代謝，也可以增強抗氧化、抗發炎的作用。

2 強化心血管、抗發炎

很多人一聽到「油」就害怕，以為吃油會胖，但地中海飲食教導我們的是，要吃對的油！像是富含單元不飽和脂肪酸的橄欖油、苦茶油，便是好的油，它能幫助身體抗發炎，還能保護心血管健康。甚至有研究顯示，每天適量攝取橄欖油的人，罹患失智症、心臟病、癌症的風險都會下降。

3 穩定血糖，脂肪不易堆積

地中海飲食法的澱粉來源大多是豆類、全穀物、根莖類，因為升糖指數低，食用後血糖不會大起大落，身體自然不容易囤積脂肪。重點是，這些原型澱粉可以讓你吃得飽，才不會經常肚子餓，導致減重計畫破功。

4 提供全面性的營養

地中海料理很常組合多種食材做出一道菜。因為每種食材營養不同，尤其是綠、黃、紅、紫等彩色蔬菜中的植化素，具有優異的抗氧化能力，能幫助中和體內導致疾病與老化的自由基。與其費心計算營養素，不如簡單一點，「多吃不同食材」就對了！

CHAPTER ① 地中海飲食就是——吃得好，才能過得更好！

自煮、外食都適用的地中海飲食原則

常有人問我：「怎樣才算地中海料理？」「需要用很多香料嗎？」「一定要紅酒配牛排嗎？」「還是要先搬到歐洲去啊？」

每次聽到這類問題，我都覺得很可愛。因為地中海料理，其實遠比你想的自由又接地氣，只是居住在亞洲的我們，大部分還是偏好中式飲食習慣，才會聽到「地中海料理」就覺得陌生或有距離感。

不過，地中海不是一個國家，而是一個超廣大的地區。義大利、西班牙、希臘、法國南部、土耳其、北非摩洛哥這些地方，統統算是地中海文化圈。所以，所謂的「地中海料理」，並不是某一道菜，也不是某一種固定的做法，而是一種「生活飲食」的觀念，說穿了，就是「日常的飲食」。那麼接下來，就要來跟大家介紹地中海飲食的基本原則。

有意識挑選「原型食物」

「原型食物」不是什麼高大上的名詞，僅僅就是那些「你一眼看得出原貌」的東西，例如新鮮蔬菜、水果、豆類、堅果、橄欖、鮮魚、海鮮、白肉……而精製澱粉、加工食品、過多的糖和飽和脂肪，在地中海飲食中很少出現，不是完全禁止，而是我們會自然而然去「選擇」好東西，讓身體得到真正需要的能量。

不用死背食譜，只要記得：多蔬菜、多好油、適量蛋白質、原型澱粉，如此一來，自己煮或外食都能靈活應用。我有時候忙起來，也會到超商買 2 顆茶葉蛋，再加上生菜、地瓜、豆漿等當一餐（當然你也可以選擇馬可老師的小 7 便當），或是在自助餐挑選沒有過度加工的雞腿、炒蔬菜、滷豆腐等……簡簡單單就能吃到健康又滿足的一餐。

CHAPTER ① 地中海飲食就是——吃得好，才能過得更好！

添加適量的「好油脂」

這裡的「好油」，指的是初榨橄欖油、苦茶油、酪梨油、堅果油，這些富含「單元不飽和脂肪酸」的天然植物油。不像某些飲食法一聽到「油」就大喊禁忌，地中海飲食想要傳達的觀念是：適量、正確的油脂，是維持細胞健康、抗發炎、促進代謝不可或缺的關鍵。

在我的廚房裡，橄欖油就是基本盤，製作生菜沙拉、燜煎海鮮、烤蔬菜、甚至淋在湯品上，都能讓料理瞬間加分。即便外食，我也常會攜帶一小瓶橄欖油，淋在食物上一起吃。

食材盡可能「多樣化」

在這個飲食文化裡，沒有單一英雄。就像你會在這本書裡看到五顏六色的蔬菜、各種穀物豆類搭配不同海鮮，再佐以各式香草香料，組合出超繽紛又均衡的菜單，光用看的就讓人食慾大開。這種多樣化的飲食組成，能確保我們每天攝取到不同的維生素、礦物質與植化素，讓身體在不知不覺中打好免疫力基礎，遠離慢性病的風險。

024 — 025

CHAPTER 2

EVERYDAY'S
MEDITERRANEAN
MEALS

跟著馬可老師的每日三餐，
帶你做出看起來專業、吃起來厲害、
實際上超簡單的健康美味！
不用挨餓也能自然瘦，
透過地中海飲食重新跟食物交朋友，
你會發現，這一切比想像中簡單得多！

一日三餐最好實踐！
我的地中海料理生活

改變飲食習慣，其實比你想像中簡單！

我一直相信：好的飲食，不該是少數人的特權，而是大家每天都能享受的生活。而這一次，決定製作這本更生活化、更容易實踐的地中海料理書，理由只有一個——因為我聽見了大家的聲音：時間太少、料理太難、食材太難買……所以在這本書中，我分享的是自己平常的飲食。具體來說，我都是怎麼決定吃什麼的呢？

STEP 1
選擇吃什麼？

能吃食物，就不吃食品

這個原則，是我十年前開始轉變飲食習慣時最先訂定的。什麼是「食物」？老話一句，就是那些你一眼能辨識的東西，例如：蔬果、魚肉、堅果、全穀雜糧。什麼是「食品」？就是加工過、加了很多看不懂成分的東西，例如：餅乾、蛋糕、炸物、各種邪惡零食。

這個原則一直到現在還是很好用。每當我在便利商店、超市採買時，腦海裡就會自動冒出一個小聲音：「這是食物，還是食品？」如果是食品，我會默默把它放回架上，偶爾吃無妨，但日常選擇以原型食物為主，就會漸漸養成好的飲食習慣。

STEP 2
判斷吃多少？

掌握「321 黃金比例」搭配原則

我的餐盤，基本上每天都遵循一個簡單的小公式：**3 份蔬菜、2 份蛋白質、1 份澱粉**。每一份的量以「自己的拳頭」大小來計算，例如 2 份蛋白質，大概就是兩個拳頭大小的量。這樣的組合，保證纖維質夠、蛋白質足、能量穩定，還能讓血糖平穩，而且吃起來很飽足，自然可以減少暴食和嘴饞。

比起每餐計算熱量、營養，這樣的方式更直覺，不管自煮外食都能秒套用，完全不燒腦！除了直接估算料理量，也推薦大家一個小方法，可以在烹調前先大致依照這個比例抓出食材的量，這樣一來，無論做什麼菜，營養都能一次到位。

- 3 份蔬菜
- 2 份蛋白質
- 1 份澱粉

△ 選擇好食材,並依照蔬菜 3:蛋白質 2:澱粉 1 的比例先抓量。

STEP 3
決定怎麼煮?

要好吃,也要簡單、方便、省時

這一點對每天忙翻天的我來說,真的超重要啊!沒空的時候,能夠快速完成的料理絕對是我的首選,像是 60 秒燜煎蝦、燜燒蔬菜、苦茶油水煎蛋等,或是請出電鍋、氣炸鍋、烤箱等小家電來幫忙,放下去煮就可以先忙其他事。

我的冰箱裡也會存放一些常備菜或是預調理包,例如地中海式氣炸嫩雞胸、奶油味噌燉豬梅花,隨時要吃從冰箱拿出來就好。不僅備餐方便許多,最重要的是,廚房清理起來也超快!

Chef's Tips

喝水,也是高代謝的關鍵

除了充分的營養,提醒大家也一定要喝足夠的水。每個人應該喝的水量,是你體重的 30 倍(例如我 80 公斤,每天飲水量就是 80X30=2400cc)。水分補充足夠,代謝才會順暢,連皮膚都會偷偷變好喔!

用容易取得的食材，做最健康的美味！

　　地中海飲食的厲害之處，在於它並非「只能吃××」或「一定不能吃××」這麼死板，而是用很自然的方式，讓每一餐的營養都剛剛好。甚至不需要什麼特別的料理，簡單做一點小改變也可以，例如：

- 把白米飯換成糙米、藜麥、燕麥混合飯。
- 把重油重鹽的料理，改成用少許橄欖油烹調。
- 多放各種蔬菜在盤子裡，彩椒、櫛瓜、秋葵等都很適合。
- 多選擇新鮮魚類、海鮮或白肉（例如雞胸、雞腿肉）。
- 用香草（例如迷迭香、百里香）、辛香料（例如蒜頭、洋蔥）取代過度調味醬汁。
- 飯後點心從蛋糕甜點，換成一把堅果或新鮮水果。

　　當你願意為自己的身體準備一頓簡單、漂亮又美味的料理，那份被好好照顧的感覺，會慢慢累積成更好的能量，讓你的生活也跟著亮起來。

　　每天的料理也是，就像前面提到的：蛋白質要充足、蔬菜要多元、澱粉要選對、油脂要用好。只要做到位，真的可以讓你每天精神滿滿、氣色好！接著就要來跟大家分享，我的三餐基本營養搭配公式。

CHAPTER ② 一日三餐最好實踐！我的地中海料理生活

蔬 菜

最容易取得的營養寶庫

你的每一餐，最少最少要有一半是蔬菜。聽起來好像很多？其實一點都不難！比如一大碗沙拉、一盤烤蔬菜、一碗番茄蔬菜湯，加一加，分量一定夠。

蔬菜的熱量低、膳食纖維高，吃不胖又能幫助消化，而且含有很多**維生素、植化素、礦物質**，是維持健康的關鍵。其中，負責提供蔬果繽紛色彩的植化素，更是人體無法合成的重要營養，能夠提高新陳代謝、抗老化、增加免疫力。

只不過，每種蔬菜的營養都不一樣，怎麼知道該吃哪些蔬菜？有一個簡單的方式，就是「**每天吃五種顏色的蔬菜**」。真的，我不是開玩笑的，只要你的餐盤裡色彩夠繽紛，基本上蔬菜量就差不多足夠了（笑）。

不用拘泥於烹調方式，可以生吃（像是沙拉）、氣炸、清炒、燒烤。但記得「烹調要簡單」，避免加太多厚重醬汁，才吃得到蔬菜最純粹的甜味！

我自己最常實踐的方式，就是把買回家的蔬菜，直接用橄欖油、鹽巴、香料拌一拌，然後放進氣炸鍋烤10分鐘，烤完之後裝進玻璃保鮮盒，一次準備好三天的量，方便得不得了。

（ 馬可最常吃的五色蔬菜 ）

綠色	紅色	黃色/橙色	紫色	白色
青花菜	番茄	玉米筍	紫高麗菜	洋蔥
秋葵	紅甜椒	黃甜椒	紫洋蔥	茭白筍
菠菜	甜菜根	黃櫛瓜	茄子	白花椰菜
羽衣甘藍	紅鳳菜	胡蘿蔔	紫苜蓿芽	大白菜
青江菜				苦瓜

CHAPTER ② 一日三餐最好實踐！我的地中海料理生活

蛋白質

建構身體細胞的主材料

一餐至少有一個手掌大小的蛋白質量。具體來說,大概就是一塊手掌大的雞胸肉、一條中型魚,或者兩顆蛋。如果是素食者,也可以用豆腐、毛豆、豆漿來補充。重點是,每一餐都要記得有蛋白質,這樣身體才有材料去修復、維持肌肉量,代謝才會高。

蛋白質是構成身體細胞的材料,也會組成代謝反應需要的酵素,在新陳代謝中扮演關鍵角色。不僅如此,也與肌肉、荷爾蒙、血液及免疫系統有關,是維持人體健康機能的重要營養。

地中海飲食強調**高營養、低負擔**,所以蛋白質來源多以低脂的海鮮、白肉(雞肉)為主,營養密度較高。但基本上,我認為食材只要選擇「**原型食材**」,適量、多樣化攝取,就不需要有太多限制。此外,記得少吃加工肉品(像是培根、香腸),這些鈉含量太高、油脂品質也比較不好。

烹調上也很方便,只要挑選新鮮的魚蝦、雞胸、雞腿或小塊豬梅花,用簡單調味(香料+橄欖油+一點檸檬汁),10～15分鐘就能搞定一餐。完全不需要每天花時間做誇張的料理。最懶人的版本——直接用氣炸鍋烤一份檸檬雞翅或雞腿肉,旁邊丟幾片櫛瓜,叮叮叮15分鐘後,一盤色香味俱全的地中海料理就上桌了!

(馬可最愛的優質蛋白質)

海鮮類	禽肉類	紅肉類	蛋類	植物性蛋白
鮭魚 鱸魚 草蝦 小卷	雞胸 棒棒腿 雞翅 (烤或氣炸)	梅花肉 豬小里肌 (蒸或烤) 牛肉	水煮蛋 橄欖油炒蛋 蒸蛋	豆腐 毛豆 藜麥 黃豆

澱 粉

提供代謝的能量與飽足感

每餐大概吃自己拳頭大小的分量就好，不用太多，但也不要完全不吃喔！地中海飲食從來不排斥澱粉，只不過要選擇「真正的澱粉」，像是糙米、藜麥、燕麥、地瓜、南瓜、馬鈴薯等五穀雜糧或根莖類的原型食物。

澱粉是碳水化合物的一種，在體內分解成葡萄糖後，會成為提供細胞活動與大腦運作的主要燃料。若吃不夠，身體能量不足，反而會導致代謝變慢，人也容易疲倦或注意力不集中。

這些天然澱粉的升糖指數通常不高，只要適量搭配在一餐裡，即便你對升糖指數完全沒有概念，也能自然幫助你血糖維持穩定，並帶來源源不絕的能量。吃了不只不胖，反而讓代謝越來越好。至於白吐司、白米飯、糕點這些精緻澱粉，因為比較容易造成血糖暴衝，不需要完全禁止，但日常還是少吃為妙。

（ 馬可的好澱粉口袋名單 ）

全穀類	根莖類	澱粉豆
藜麥	地瓜	紅豆
糙米	馬鈴薯	綠豆
燕麥	南瓜	鷹嘴豆
黑米	山藥	

油 脂

吃出抗發炎的免疫保護力

　　每餐建議攝取 1～2 大匙的好油脂，大概就是 15～30cc 左右。有的人會心想，這樣會不會太油啊？其實不會！重點是用「好油」取代「壞油」（像是人造奶油、反式脂肪）。只要掌握一個簡單原則：「油是佐料，不是主角」，既能帶出食材風味，又能給身體充足的好油脂，促進代謝，一舉多得。

　　選擇**單元不飽和脂肪酸的好油脂**，例如：橄欖油、苦茶油、亞麻仁油等，能夠幫助身體抗發炎、保護心血管、提升代謝。橄欖油，始終是地中海飲食的靈魂。我的料理無論是沙拉、氣炸鍋料理、炒菜還是湯品，基本上橄欖油都是重要角色。

　　很多人會問：「橄欖油可以拿來煎東西嗎？」或質疑「把橄欖油拿去加熱，這樣健康嗎？」拜託～那是老掉牙的迷思啦！**真正好的初榨橄欖油，耐熱到 180℃～200℃ 也沒問題，燜煎、烘烤、氣炸都行**，只要不把油燒到狂冒煙，根本不用怕。

　　所以，我家的廚房，從來就只有兩種油：橄欖油跟橄欖油（這一句是開玩笑的，當然還有苦茶油跟其他好油，以及堅果、酪梨等食材本身的天然油脂）。無論是炒蛋、煎雞胸、炒蔬菜、拌飯等，統統一瓶搞定，味道乾淨又帶有香氣。

（馬可最推薦的優良油脂）

初榨橄欖油（第一選擇）
苦茶油、亞麻仁油
堅果（杏仁、核桃、腰果）
酪梨

超市就是食材寶庫！
我的地中海採購計畫

　　好的採購計劃，等於是成功料理的一半！當你走進超市，面對琳瑯滿目的食材、乾貨和調味料，其實最重要的就是有一個清晰的採購流程。掌握好買的順序和小技巧，不僅可以讓你買到最新鮮、最適合地中海料理的食材，還能避免浪費、縮短採購時間，讓回家後備餐更順暢。接下來，就簡單跟大家分享我平常的採購順序，希望能幫助你在忙碌的生活中，為每天的三餐打好堅實基礎！

第一站
乾貨與調味料 →

　　首先會先購買常溫區的食材，採買重點是：穀物類、豆類、乾貨與調味料。建議檢查包裝日期和保存狀態，選擇有認證或原產地標示清楚的品牌，以確保品質和新鮮度，買完後直接置於家中櫥櫃備用。

（穀物類與豆類）

糙米、藜麥、燕麥、黑米、紅藜，各種全穀及豆類是營養的重要來源，而且耐存放，在忙碌的日子裡輕鬆補充能量。

（乾貨與調味料）

初榨橄欖油、亞麻仁油、酪梨油等好油，還有海鹽、各種香草調味料（迷迭香、百里香）、胡椒、巴薩米克醋等天然調味品，能為料理帶來層次與香氣。

第二站
常溫蔬菜與水果 →

　　接下來買常溫的蔬果，這類食材通常不需要立即冷藏。我會優先挑選當季、新鮮且顏色多樣的蔬果，不僅價格好，口感好，而且也能保存更久，不易變質。

（全色系蔬菜）

甜椒（紅、黃）、番茄、洋蔥（紫、白）、小松菜、櫛瓜、茄子等，選擇外觀鮮豔、無明顯損傷的產品，代表新鮮度和保存狀態良好。

（水果）

檸檬、蘋果、香蕉、葡萄等。尤其檸檬在我廚房裡一定有，它是自製油醋醬不可或缺的天然酸味來源。水果可以當零食，或者用來搭配早餐和優格果昔。

第三站
冷藏類食材

接著是冷藏蔬菜、乳製品等的冷藏區，這部分最好在採購後段進行，以免你因為逛太久而使得食材溫度上升，影響品質。採買冷藏食材時，要特別注意保存溫度和保鮮期限，回家盡快放到冰箱中，以保持最佳的新鮮度和營養。

（冷藏蔬菜）

有些葉菜類（像生菜、芝麻葉、菠菜）因為容易出水，最好晚點採買，這樣可以保持脆嫩和新鮮。另外，部分半成品沙拉或切好的蔬果盒，也屬於這類別。

（乳製品與鮮味調味品）

優格、低脂奶、現磨乳酪等健康食材，這些通常都擺在冷藏架上，買回家後記得立即存放到冰箱中。

第四站
冷凍類食材

最後進入的是冷凍區。這部分往往是可以長期保存的料理素材，也是忙碌時的好幫手！包括預處理好的海鮮肉類、冷凍蔬菜或預調理包，因為冷凍食材需要低溫保存，買完立刻回家放冷凍是最佳做法！購買時也務必先確認保存期限。

（冷凍海鮮肉類）

像預醃的雞腿、魚排、小卷、蝦仁等，可以隨時拿出來解凍使用，簡單熱一下就能上桌，不僅省時，也能保持食材的營養與口感。

（冷凍水果、蔬菜）

這裡的產品通常是急速冷凍保存，如冷凍莓果、冷凍蔬菜等，雖然新鮮度可能稍遜，但依然是應急時的營養補充好選擇。

活用速簡技巧，
讓餐廳料理變家常菜！

很多人問我：「自己做地中海料理很麻煩嗎？」拜託！一點都不麻煩好嗎（笑）！一個能讓你願意持續一輩子的飲食方式，是讓你「享受」生活，而不是「忍耐」生活。

我就是要挑戰，把看起來大費周章的地中海料理，變成每個人都能輕鬆搞定的家常菜。從採買、備料到料理流程，全部精簡成忙碌族也能接受的版本。只要提前掌握一些小技巧，像是善用常備菜、氣炸鍋、自製醬料，你會發現每天煮一餐，根本不需要花太多腦力，就能做出看起來專業、吃起來厲害、實際上超簡單的健康美味。

為了讓這套吃法更貼近現代人的生活步調，我在書中特別規劃了幾個讓備餐更簡便的方法，幫助你根據需求選擇適合自己的料理。

1 預調理、常備菜（隨時想吃就能立刻上菜）

書中收錄了很多利用空檔先準備好，就可以放冰箱備用的方便料理。有的是「加熱就能吃」的常備菜，用來當三餐或帶便當都很好用；也有些不適合覆熱的食材，我會先醃好、做好預調理，需要時再烹煮，也能節省超多時間。

| 預調理（冷凍） | 有些蛋白質食材（如烤好的雞胸肉）覆熱容易變乾、口感不好，但先醃好放冷凍，吃之前冷藏解凍再烹調，同樣可以快速上菜。 |

===== 常備菜（冷凍）=====

適合冷凍的料理，我就會先分裝後冷凍，例如上圖的藜麥飯、燕麥梗米飯等澱粉類，直接解凍食用，或是用來炒飯都很方便。

===== 常備菜（冷藏）=====

嫩雞胸、燉肉等料理，很適合一次煮較大量，冷藏後連吃幾天沒有問題。
下班回家直接就可以上桌，當成便當菜也非常適合。

◁ 新鮮的食材，簡單烤過就很好吃！

2 小家電料理（按一鍵就完成的懶人救星）

我也很常仰賴科技的力量，靠電鍋、氣炸鍋、烤箱「自動生成」美味家常菜。我最常用的是烤箱、氣炸鍋，蔬菜、蛋白質食材拌一拌橄欖油、簡單調味，烤熟就超好吃。至於要花時間的燉肉料理，電鍋也是很好的幫手。

3 快速料理
（15分鐘上桌的超省時美味）

如果沒有很多時間煮飯，冰箱也沒有「儲備糧食」時，我會以能快速完成的料理為主，選擇快熟、新鮮好吃、不用過多調味的食材，像是60秒燜煎草蝦、橄欖油香料炒蛋、櫛瓜鱗片烤鯛魚等，挑戰15分鐘快速上菜！

▽ 60秒就完成的燜煎草蝦。

4 地中海便當
〈出門在外也能吃到滿分營養〉

大多上班族中午都是外食,我也很常因為教課、活動在外面奔波,像這種時候,為了避免營養不足,我就會把一餐的蔬菜、蛋白質、澱粉,按照 321 比例裝成便當,不僅健康顧到了,還比外面賣的更好吃!

△ 健康又好吃的「321 地中海便當」。

5 自製萬用醬料
〈隨意加就好吃的調味神手〉

我知道很多人做菜,都會卡在「調味」這關,因此這一次,馬可老師也要特別教大家超級好用的「自製萬用醬料」,利用橄欖油、香草、新鮮蔬果等天然食材,調配出健康美味的醬料,不知道該怎麼調味時拿出來拌一拌,就能無腦完成餐廳級美味!

▷ 在料理上淋一點翠綠冰滴橄欖油,不僅增添風味,也提升視覺效果。

CHAPTER ② 一日三餐最好實踐!我的地中海料理生活

快速調好味！
用好油自製萬用醬料

在地中海料理中，醬料不是附屬品，而是靈魂！不僅用來提味，還能平衡口感、提升營養吸收率、改變料理的呈現方式。在這裡，完整公開我私人的常備醬料，只要加以運用，即便是冷凍蔬菜，也能搖身一變成為一盤超有水準的主菜。

清爽系 多重油醋醬汁
酸香提味的開胃好幫手

初榨橄欖油葡萄醋醬

材料〉冷壓初榨橄欖油 … 100cc
巴薩米克醋 … 50cc
鹽 … 1/4 大匙

作法〉
1. 取用一個小碗，把鹽與巴薩米克醋一同放進去，調和到鹽溶解。
2. 確認鹽徹底溶解後，再把橄欖油倒進去，攪拌均勻即可。

保存〉冷藏 3 天（建議裝玻璃瓶或保鮮盒），冷凍 1 個月。

Chef's Tips 可做成隨身瓶，方便外出或外食時使用。如果要裝於外出用的橄欖油噴瓶中，必須要先確認鹽徹底溶解。

蔥香胡椒橄欖油醋

材料〉三星蔥或南部蔥 … 30g（約 3～4 支）
冷壓初榨橄欖油 … 200cc
白葡萄醋或蘋果醋 … 100cc ｜ 二號砂糖 … 1/2 大匙
鹽 … 1/4 大匙 ｜ 黑胡椒碎 … 1/4 大匙

作法〉
1. 將蔥洗乾淨後瀝乾，切蔥花備用。
2. 取用一個大碗，將所有材料放入後，攪拌均勻即可。

保存〉冷藏 3 天（建議裝玻璃瓶或保鮮盒），冷凍 1 個月。

Chef's Tips 蔥綠、蔥白都要加入，讓這個醬汁味道更有層次感。重點是蔥洗淨後，一定要徹底瀝乾再切成蔥花。

紅黃彩椒多酚油醋

材料 〉 紅甜椒 ⋯ 100g（約 1/2 顆）
黃甜椒 ⋯ 100g（約 1/2 顆）
紅洋蔥 ⋯ 50g（約 1/4 顆）　黃檸檬汁 ⋯ 50cc
酸黃瓜 ⋯ 20g（約 1 條）　　乾燥洋香菜 ⋯ 2g
冷壓初榨橄欖油 ⋯ 100cc　　黑胡椒碎 ⋯ 1/4 大匙
白葡萄醋或蘋果醋 ⋯ 50cc　 義大利香料 ⋯ 1/4 大匙

作法 〉 1. 蔬菜洗淨後，紅、黃甜椒切成小丁，紅洋蔥與酸黃瓜都切碎。
2. 取用一個大碗，將所有材料放入後，攪拌均勻即可。

保存 〉 冷藏 3 天（建議裝玻璃瓶或保鮮盒），冷凍 1 個月。

Chef's Tips 甜椒盡量切小塊，醬汁的口感會比較融合。

西芹初榨橄欖油醋

材料 〉 西洋芹 ⋯ 120～150g（約 1 支）
冷壓初榨橄欖油 ⋯ 200cc
白葡萄醋或蘋果醋 ⋯ 100cc
鹽 ⋯ 1/4 大匙
二號砂糖 ⋯ 1/2 大匙
黑胡椒碎 ⋯ 1/4 大匙

作法 〉 1. 將西洋芹洗乾淨後瀝乾，切小丁備用。
2. 取用一個大碗，將所有材料放入後，攪拌均勻即可。

Chef's Tips 如果不介意，西洋芹可以連葉子部分都切碎加入，香味會更上一層樓。

保存 〉 冷藏 3 天（建議裝玻璃瓶或保鮮盒），冷凍 1 個月。

黃檸檬香氛油醋

材料 〉 冷壓初榨橄欖油 ⋯ 100cc　　鹽 ⋯ 1/4 大匙
黃檸檬汁 ⋯ 100cc　　　　　二號砂糖 ⋯ 1/2 大匙
乾燥蒔蘿 ⋯ 2g　　　　　　　黑胡椒碎 ⋯ 1/4 大匙

作法 〉 取用一個大碗，將所有材料放入後，攪拌均勻即可。

保存 〉 冷藏 3 天（建議裝玻璃瓶或保鮮盒），冷凍 1 個月。

濃郁系
（ 健康抹醬沾醬 ）
口感飽滿的最佳搭檔

a

b

c

d

a 奶油起司紅藜麥醬

〈 材料 〉
奶油起司 … 200g
牛奶或無糖豆漿 … 100cc
水煮紅或黃藜麥 … 3 大匙
→作法參考 P.188
鹽 … 5g
檸檬汁 … 30cc

〈 作法 〉
1. 將奶油起司、牛奶或無糖豆漿，放入食物調理機或果汁機中，開高速攪打。
2. 打至美乃滋狀態後，放入大碗中，再加入煮好的藜麥與鹽、檸檬汁拌均勻。

〈 保存 〉
冷藏 3 天（建議裝玻璃瓶或保鮮盒），乳製品冷凍會產生冰狀態所以不建議冷凍。

b 胡椒風味毛豆醬

〈 材料 〉
市售冷凍毛豆仁 … 300g
冷壓初榨橄欖油 … 100cc
黃檸檬汁 … 50cc（約 1 顆）
去皮蒜仁 … 2 瓣
黑胡椒碎 … 1/4 大匙
鹽 … 1/4 大匙

〈 作法 〉
1. 先將冷凍毛豆仁稍微洗淨，取一個鍋子放入飲用水煮滾後，將毛豆仁汆燙一下，取出放涼備用。
2. 待毛豆仁冷卻後，與其他材料全部放進食物調理機或果汁機中，開高速攪打約 2 分鐘至質地綿密即可。

〈 保存 〉
冷藏 3 天（建議裝玻璃瓶或保鮮盒），冷凍 1 個月。

Chef's Tips

o 在攪打過程中如果感覺質地不夠綿密，可以停機、用橡皮刮刀稍微攪拌後，再重新開機攪打到理想狀態。
o 完成後可冷凍分裝保存。

c 清爽小黃瓜優格醬

〈 材料 〉
小黃瓜 … 1 條
希臘優格 … 2 罐（約 300～400g）
蜂蜜 … 2 大匙
乾燥蒔蘿 … 2g

〈 作法 〉
1. 將小黃瓜洗淨後，去籽、切小丁備用。
2. 取用一個大碗，將所有材料放入，攪拌均勻即可。

〈 保存 〉
冷藏 3 天（建議裝玻璃瓶或保鮮盒），乳製品冷凍會產生冰狀態所以不建議冷凍。

Chef's Tips

務必去除小黃瓜的籽。因為籽的部分含水量較多，如果沒有去籽，會導致出水，成為容易酸敗的主因。

d 簡單蜂蜜優格醬

〈 材料 〉
希臘優格 … 2 罐（約 300～400g）
蜂蜜 … 2 大匙
黃芥末醬 … 1/2 大匙

〈 作法 〉
取用一個大碗，將所有材料放入，攪拌均勻即可。

〈 保存 〉
冷藏 3 天（建議裝玻璃瓶或保鮮盒），乳製品冷凍會產生冰狀態所以不建議冷凍。

Chef's Tips

黃芥末醬可以依照個人喜好增減分量，但是建議不要省略，加一點，風味才會產生層次感。

e 小番茄黛絲醬

〈 材料 〉
紅色小番茄 … 200g（約 20 顆）
黃色小番茄 … 200g（約 20 顆）
紅洋蔥 … 50g（約 1/4 顆）
九層塔 … 5g
巴薩米克醋 … 100cc
冷壓初榨橄欖油 … 100cc
二號砂糖 … 2 大匙
鹽 1/2 大匙
黑胡椒碎 … 1/2 大匙

〈 作法 〉
1. 將紅、黃小番茄切丁，紅洋蔥、九層塔切碎。
2. 取用一個大碗，將步驟 1 的材料、巴薩米克醋、橄欖油放入後，攪拌均勻。
3. 再加入砂糖、鹽、黑胡椒，拌勻即可。

〈 保存 〉
冷藏 3 天（建議裝玻璃瓶或保鮮盒），新鮮番茄製品冷凍會產生糊化狀態所以不建議冷凍。

Chef's Tips
小番茄的好處是甜度高、水分含量較少，如果要換成大番茄，記得要先去籽，以免醬汁水分過多，導致風味不佳。

f 萬能金針菇醬

〈 材料 〉
金針菇 … 1 包
飲用水 … 80cc
昆布醬油或鰹魚醬油 … 2 大匙
味醂 … 2 大匙
米酒 … 1 大匙

〈 作法 〉
1. 將金針菇的尾段切除後，切成大約 2cm 的長度備用。
2. 取用一個平底鍋，將所有材料放入之後，炒至沸騰、香味飄出時轉小火，煮到金針菇軟化即可。

〈 保存 〉
冷藏 3 天（建議裝玻璃瓶或保鮮盒），醬油製品冷凍會產生分離狀態所以不建議冷凍。

Chef's Tips
o 如果想要沖洗金針菇，請在煮之前再洗，千萬不要事先洗好，以免吸收水分過多，導致金針菇的香味喪失。
o 如果喜歡吃辣味，可以額外放點辣椒粉。

g 浩克酪梨醬

〈 材料 〉
熟透酪梨 … 1 顆（約 200～250g）
黃檸檬汁 … 50cc（約 1 顆）
黃檸檬皮 … 5g（約 1 顆）
去皮蒜仁 … 1 瓣
紅洋蔥 … 50g（約 1/4 顆）
蜂蜜 … 2 大匙
鹽 … 1/4 大匙
黑胡椒碎 … 1/4 大匙

〈 作法 〉
1. 將酪梨去皮、去籽。
2. 將所有材料放入食物調理機或果汁機中，開高速攪打均勻即可。

〈 保存 〉
冷藏 3 天（建議裝玻璃瓶或保鮮盒），酪梨製品冷凍會產生氧化變黑狀態所以不建議冷凍。

Chef's Tips
o 做好的酪梨醬請盡快放入冰箱冷藏，避免顏色氧化不美觀，營養也比較容易流失。

h 泰泰愛吃酸辣醬

〈 材料 〉

去皮蒜仁 … 25g（約5瓣）
香菜 … 5g
泰式金山醬油 … 100cc
是拉差辣椒醬 … 200g
花生油 … 100cc
檸檬汁 … 25cc
魚露 … 25cc
二號砂糖 … 20g
飲用水 … 100cc

〈 作法 〉

將所有材料放入食物調理機或果汁機中，開慢速攪打至砂糖溶解均勻即可。

〈 保存 〉

冷藏3天（建議裝玻璃瓶或保鮮盒），醬油製品冷凍會產生分離狀態所以不建議冷凍。

i 炭火甜椒醬

〈 材料 〉
紅甜椒 … 3 顆
去皮蒜仁 … 25g（約 5 瓣）
紅蔥頭 … 15g（約 3 顆）
冷壓初榨橄欖油 … 100g
白葡萄酒 … 100cc
飲用水 … 500cc
高筋麵粉 … 30g
二號砂糖 … 1 大匙
鹽 … 1/2 大匙
白胡椒粉 … 1/4 大匙
巴薩米克醋 … 50cc

〈 作法 〉
1. 紅甜椒洗淨後，取烤網放在瓦斯爐上，將紅甜椒的外皮烤至焦黑，靜置放涼後，在水龍頭下把焦黑外皮洗掉，並剝開、去除裡面的籽，切小塊備用。
2. 蒜仁、紅洋蔥皆切碎備用。
3. 取用一個平底鍋，放入橄欖油後，加入蒜碎、紅蔥頭碎炒香，再加入紅甜椒塊，接著加入白葡萄酒煮至收汁入味後，將整鍋倒入食物調理機或果汁機中。
4. 將其他材料全部放入食物調理機中一起打勻，再倒回鍋中煮至沸騰，放涼即可。

〈 保存 〉
冷藏 3 天（建議裝玻璃瓶或保鮮盒），冷凍 1 個月。

j 番茄蔬菜多酚萬用醬

〈 材料 〉
紅甜椒 … 3 顆
西洋芹 … 120～150g（約 1 支）
洋蔥 … 100g（約 1/2 顆）
去皮蒜仁 … 50g
冷壓初榨橄欖油 … 少許
切碎番茄罐頭 … 400g
蜂蜜 … 100cc
黑胡椒碎 … 1 大匙
鹽 … 1/2 大匙
二號砂糖 … 1/2 大匙
巴薩米克醋 … 30cc
黃檸檬汁 … 50cc

〈 作法 〉
1. 將紅甜椒、西洋芹、洋蔥、蒜仁皆切碎。
2. 取用一個平底鍋加入橄欖油，並放入步驟 1 的材料，開火等待熱度上來後，炒到材料的香味飄出。
3. 加入番茄、蜂蜜與黑胡椒，煮至沸騰後，轉小火熬煮 10 分鐘。
4. 接著加入鹽、砂糖，關掉爐火等待約 10 分鐘，使溫度下降至 70℃ 左右。
5. 確認鍋中醬汁稍微冷卻後，再加入巴薩米克醋、黃檸檬汁，調和均勻即可。

〈 保存 〉
冷藏 3 天（建議裝玻璃瓶或保鮮盒），冷凍 1 個月。

Chef's Tips
醬汁一定要靜置至冷卻，才能加入巴薩米克醋與檸檬汁，這樣檸檬汁的果酸與醋的香味，才不會被熱度蒸發掉。

k 和風胡麻醬

〈 材料 〉

昆布或鰹魚醬油 … 250cc
白醋 … 50cc
飲用水 … 100cc
味醂 … 3 大匙
黑芝麻油 … 1 大匙
去皮蒜仁 … 10g（約 2 瓣）
紅洋蔥 … 50g（約 1/4 顆）
炒熟白芝麻 … 100g
黑胡椒碎 … 1/2 大匙
二號砂糖 … 1 大匙

〈 作法 〉

將所有材料放入食物調理機或果汁機中，開高速攪打至白芝麻粉碎、整體均勻滑順即可，時間大約 1 分鐘。

〈 保存 〉

冷藏 3 天（建議裝玻璃瓶或保鮮盒），芝麻醬油製品冷凍會產生分離狀態所以不建議冷凍。

Chef's Tips 把白芝麻徹底打到粉碎，香味才會散發。

香氣系
美好時光香氛油

增添立體香氣的加分神器

紅蔥橄欖油

材料〉 紅蔥頭 … 500g
冷壓初榨橄欖油 … 500cc

作法〉
1. 將紅蔥頭切薄片或切碎。
2. 取用一個大的平底鍋,放入橄欖油後,開大火加熱至油溫到達 150～180℃ 的工作溫度(用木筷或竹筷放入油鍋中測試,筷子前端冒泡泡時即代表溫度到達了)。
3. 接著把紅蔥頭加進去。如果紅蔥頭加入後,橄欖油沸騰得太激烈,趕快加一點橄欖油降溫。
4. 再把瓦斯爐轉小火,以低溫爆香紅蔥頭20分鐘左右。

保存〉 冷藏 3 天(建議裝玻璃瓶或保鮮盒),冷凍 1 個月。

Chef's Tips

- 放涼後可裝瓶子保存,當然玻璃瓶是最好的選擇。
- 必須控制好橄欖油的工作溫度,不要讓油溫到達發煙點(冷壓初榨橄欖油普遍在190℃以上),這點非常重要。

翠綠冰滴橄欖油

材 料〉九層塔 … 300g
冷壓初榨橄欖油 … 500cc

作 法〉 1. 將九層塔的葉子全部挑下來、洗乾淨之後瀝乾備用。
2. 先備用一盆冰塊水,再取用一個大湯鍋放入大約 1000cc 的水煮到沸騰之後,將九層塔葉子放進去汆燙大約 10～15 秒,迅速取出瀝乾後放入冰塊水中降溫。
3. 將降溫的九層塔葉子瀝乾水分後,放入食物調理機或果汁機中,加入橄欖油打到均勻。
4. 取用棉布濾網或咖啡濾紙,用夾子固定於一個高的鐵桶或馬克杯,將打好的九層塔油倒進去進行過濾。
5. 過濾的過程需 12 小時,而且必須全程放在冰箱中慢慢過濾,以免九層塔氧化、失去翠綠的色澤。
6. 隔天將過濾出來的九層塔油裝入玻璃瓶中,即可放在冰箱備用。

保 存〉冷藏 3 天(建議裝玻璃瓶或保鮮盒),冷凍 1 個月。

80%健康＋20%彈性，我的早午晚餐實踐法

很多人問我：「馬可老師，你自己每天到底是怎麼吃的？是不是真的一日三餐都超健康？」這個問題我一定要老實回答：80%健康、20%彈性。畢竟，我也是個平凡人啊！偶爾也有想要小確幸的時候，不然人生也太痛苦。

但基本上，我的三餐有一個清楚的大方向，就是：**地中海精神＋台灣生活實踐版**。不硬逼自己每天搞一大桌菜，也不會一忙起來就亂吃垃圾食物。就讓我用很接地氣的方法，分享一下我一天三餐的情況。

早餐　低醣好油，簡單快速補充能量

我很重視早餐，但絕對不是傳統那種「蛋餅＋漢堡蛋＋大冰奶」的組合。這種組合一吃完，血糖直接衝上天，然後一下子又掉到谷底，導致整個早上精神都在放空。

所以我的早餐原則是：**低升糖、含蛋白質、有好脂肪**。舉幾個寫在書中，也是我最常吃的早餐組合給你參考：

★ 苦茶油水煎蛋＋超級花青素紅拿鐵
★ 橄欖油香料炒蛋＋纖活白拿鐵＋小魚脆口酪梨醬全麥三明治
★ 馬可杯杯蒸蛋＋浩克綠拿鐵

尤其是綠拿鐵，超級適合趕行程時當早餐，裡面加入了大量的羽衣甘藍、香蕉、蘋果、堅果、橄欖油還有豆漿。喝一大杯，精神飽滿地出門教課最好用。當早餐吃得清爽又營養時，精神真的差很多喔！你會發現整個早上的情緒、專注力，完全不一樣。

午餐　豐盛飽足，給身體需要的營養

因為白天活動量較大，午餐要好好補充能量，但**重點不是吃很多，而是「吃對」**。還記得 321 黃金比例原則嗎？我的標準午餐公式：

★ 蔬菜 3 份 = 普羅旺斯燉菜
★ 蛋白質 2 份 = 迷迭香橄欖油氣炸半雞
★ 澱粉 1 份 = 蝦仁三色藜麥炒飯

如果外出跑行程很忙，沒空自己煮，我會把以上菜色裝到便當外帶，這樣就可以堅持原則，或是找一家台灣到處都有的自助餐店，按照以下原則挑選菜色：

★ 澱粉：選擇五穀飯或糙米飯
★ 肉類：挑清蒸、燉煮或烤的，盡量避免油炸
★ 蔬菜：一定要兩份起跳，根莖類和葉菜類交替選擇
★ 湯品：優先選清湯，不選勾芡羹湯

再更不行，便利商店只要懂得選，也能吃得健康。像我有時候就會拿「一盒生菜沙拉＋兩顆茶葉蛋＋一份御飯糰」，搭配自己隨身攜帶的小瓶橄欖油，簡單搞定一個地中海風的快速午餐。

晚餐　調味清淡，讓身體變輕盈

至於晚餐，因為我的工作結束時間晚，晚上代謝變慢，不需要累積太多能量，也希望腸胃在睡前能夠比較輕鬆，所以調味會比午餐來得清淡。

如果白天已經吃得很飽了，晚餐甚至會直接喝一碗減醣版「馬可巫婆湯」來解決，這一碗湯裡面裝了滿滿的蔬菜，低卡又暖胃。請記得，晚餐的重點不是吃不吃澱粉，而是「吃輕盈」。身體舒服了，睡眠品質也會大大提升！

一週菜單大公開！
從三餐、便當到早午餐都滿足

接下來，老師就要來實際教大家如何應用書裡的食譜。我在做菜時，會先預想到隔天是否要帶便當、該煮多少？大多時候就從晚餐菜來當成便當，或是做一點加工變成不同的料理。以下是我列出一週菜單，提供大家參考！

跟著馬可老師一起吃！

（ 週日 ）
Sunday

早餐

A 纖活白拿鐵 P.080
B 小魚脆口酪梨醬全麥三明治 P.084
C 橄欖油香料炒蛋 P.076

MARCO'S WEEKLY MENU

午餐

- **D** 紅黃彩椒油醋炒中卷 P.102
- **E** 白酒燜煎干貝花園沙拉 P.158
- **F** 油醋燜燒綜合時蔬 P.152
- **G** 地中海風味烤馬鈴薯 P.200

晚餐

- **H** 迷迭香橄欖油氣炸半雞 P.118
  預留當隔天便當
- **I** 簡易版普羅旺斯燉菜 P.148
  預留當隔天便當
- **J** 減醣馬可巫婆湯 P.170
  預留當隔天早餐
- **K** 高纖三色藜麥飯 P.188
  做成炒飯，當隔天便當

CHAPTER ② 一日三餐最好實踐，我的地中海料理生活

058 — 059

MARCO'S WEEKLY MENU

（週一）
Monday

早餐

A 完美溏心蛋 P.070
B 早餐燕麥湯 P.171
　　前一天晚餐湯，加入燕麥片

午餐

C 蝦仁三色藜麥炒飯 P.194
　　以前一天的飯製作
D 迷迭香橄欖油氣炸半雞 P.118
　　前一天晚餐菜
E 簡易版普羅旺斯燉菜 P.148
　　前一天晚餐菜

晚餐

F 黃檸檬香氛油醋烤雞翅 P.122
　　預留當隔天便當
G 泰泰芭樂大薄片沙拉 P.166
H 鮪魚蛋碎雙色花椰菜沙拉 P.164
　　預留當隔天便當
I 薑黃燕麥梗米飯 P.189
　　做成炒飯，當隔天便當

（週二）Tuesday

早餐
- A 馬可杯杯蒸蛋 P.074
- B 浩克綠拿鐵 P.078

午餐
- C 鮪魚蛋碎雙色花椰菜沙拉 P.164　前一天晚餐菜
- D 黃檸檬香氛油醋烤雞翅 P.122　前一天晚餐菜
- E 薑黃牛肉毛豆炒飯 P.193　以前一天的飯製作

晚餐
- F 金針菇醬拌櫛瓜中卷麵沙拉 P.162
  預留當隔天便當
- G 炭火甜椒醬燴鱸魚 P.104
  預留當隔天便當
- H 白花椰菜紅藜麥濃湯 P.180
- I 黃檸檬風味雙色地瓜球 P.204

MARCO'S WEEKLY MENU

（週三）
Wednesday

A

B

早餐

A 苦茶油水煎蛋 P.072
B 超級花青素紅拿鐵 P.079

C D

午餐

C 橄欖油燕麥毛豆玉米飯 P.192
D 炭火甜椒醬燴鱸魚 P.104　前一天晚餐菜
E 金針菇醬拌櫛瓜中卷麵沙拉 P.162　前一天晚餐菜
F 清炒花椰菜

F E

G

晚餐

G 翼板牛秋葵洋蔥捲 P.136
H 蔬菜絲薑黃雞胸優格沙拉 P.154
　預留雞胸肉當隔天早餐和便當
I 高纖芥蘭菜濃湯 P.178
J 迷迭香氣炸南瓜片 P.201

I H

J

（週四）
Thursday

早餐
A 小黃瓜優格雞胸黑麥三明治 P.092
以前一天的雞胸肉製作
B 纖活白拿鐵 P.080

午餐
C 義大利麵雞胸蔬菜滿罐沙拉 P.160
以前一天的雞胸肉製作

晚餐
D 洋蔥黑啤酒燉牛肋條 P.138
預留當隔天便當
E 爐烤綜合野菇 P.144
預留當隔天便當
F 白洋蔥茭白筍濃湯 P.172
G 苦茶油香黑米飯 P.190
做成炒飯，當隔天便當

CHAPTER ② 一日三餐最好實踐—我的地中海料理生活

MARCO'S WEEKLY MENU

（週五） Friday

早餐

A 酪梨豆腐芽菜墨西哥卷 P.086
B 抗發炎蘋果黃拿鐵 P.081

午餐

C 汆燙秋葵
D 洋蔥黑啤酒燉牛肋條 P.138
　前一天晚餐菜
E 爐烤綜合野菇 P.144
　前一天晚餐菜
F 黑嘛嘛小魚雞丁炒飯 P.196
　以前一天的飯製作

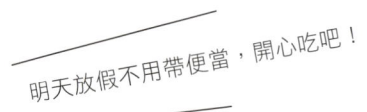

明天放假不用帶便當，開心吃吧！

晚餐

G 白酒洋蔥醬燴淡菜 P.106
H 脆化羽衣甘藍 P.145
I 無麩質松露野菇濃湯 P.176
J 白花椰菜馬鈴薯泥 P.203

（週六） Saturday

早餐
- A 小魚蝦仁杯杯蒸蛋 P.075
- B 活力巧克力果昔 P.082
- C 胡椒風味毛豆醬鮮蝦米紙卷 P.088

輕鬆做出不輸網美店的早午餐！

午餐
- D 泰泰愛吃酸辣松阪豬 P.130
- E 京都水菜小魚豆腐沙拉 P.168
- F 紅蔥野菇糙米飯 P.191
- G 紅蘿蔔堅果湯 P.174

高級感浪漫晚餐！

晚餐
- H 番茄蔬菜多酚烤牛小排 P.134
- I 雙色高麗菜黃檸檬沙拉 P.169
- J 櫛瓜緞帶海蝦沙拉 P.156
- K 薑黃松露風味馬鈴薯泥 P.202

CHAPTER ② 一日三餐最好實踐！我的純淨無毒料理生活

CHAPTER 3

EVERYDAY'S
MEDITERRANEAN
MEALS

在本書中，我特別將早餐的章節獨立出來。
我常說：「早餐吃得對，一整天都跟著順起來」，
尤其對正在減醣、重視健康飲食的人來說，
一份營養的早餐，就是每天給自己最好的禮物。
所以接著就要來教大家，如何在匆忙的早上，
用最自然的食材，做最簡單的美味料理！

快速滿足的美味早餐

用早餐啟動一整天的活力！

我自己習慣早上一定要攝取的是蛋白質和蔬菜，補足蛋白質，接下來工作的精神狀態也比較好。因此，我最常吃的就是雞蛋，再搭配一杯蔬果拿鐵。接下來，就和大家分享我日常的早餐搭配：簡單的煮蛋方法、營養滿分的蔬果拿鐵，以及幾款我喜歡的輕食料理。從這三大方向出發，讓你每天早上都飽足、滿足又充滿能量！

（ 蛋料理 ）

台灣人很愛吃蛋，但你會的不一定是最好吃的，所以我決定教你更多好吃的版本！雞蛋經濟實惠，而且不需要過多烹調就好吃，絕對是早餐最容易取得的優質蛋白質來源。

（ 蔬果拿鐵 ）

蔬果拿鐵（又叫植物奶果昔）是一種將蔬果結合豆漿或牛奶的健康飲品，打好後表面會有一層細緻奶泡，外觀像拿鐵咖啡，因此得名。忙碌的早上，蔬果拿鐵通常就是我的蔬菜、蛋白質來源，不但好消化，還能輕鬆喝進一堆營養和纖維。不同顏色的蔬果有各自的營養重點，也能為風味增添新鮮感：

綠拿鐵：以大量葉菜（如羽衣甘藍、小松葉、京都水菜）為主
黃拿鐵：加入薑黃、鳳梨、蘋果等抗發炎食材
紅拿鐵：紅火龍果、甜菜根為主，富含花青素
白拿鐵：使用山藥、香蕉，滑順又助消化

小提醒，為了不影響白拿鐵的顏色，建議搭配蘋果、香蕉、苜蓿芽這些不容易染色的蔬果。千萬不要拿青江菜、空心菜這類「熱炒菜」來打綠拿鐵，風味會讓你大失所望。

Chef's Tips

我也常在拿鐵中，另外加一些成分天然的市售堅果粉、南瓜籽粉，營養價值更高，也會多一股堅果的香氣！

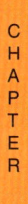

蛋料理

蔬果拿鐵

早午餐

CHAPTER ③ 快速滿足的美味早餐

（早午餐）

最後，我私心推薦的輕食三明治與米紙卷，更是我的「懶人早餐寶藏清單」，吃起來快速、帶著走又不無聊！一點也不難，就可以做出像早午餐店的漂亮餐點。

完美水煮蛋．
溏心蛋

烹調時間
6～8 分鐘

日常應用
常備菜、便當菜

保存方法
冷藏 2～3 天

煮蛋看似簡單，其實是一門學問！煮過頭的蛋黃會出現灰綠色邊，除了不好看，也失去最佳口感。這裡馬可老師會教你幾分鐘法則，輕鬆煮出滑嫩溏心蛋或 Q 彈水煮蛋。早上就用自己喜歡的蛋料理開啟一天，還能讓便當輕鬆升級。

材料（1 人份）

雞蛋 … 2 顆
飲用水 … 1000cc
鹽 … 1/2 大匙

溏心蛋作法

1. 先將雞蛋放到室溫溫度，並燒一鍋熱水。

2. 水滾後加入鹽巴（避免等會兒放入雞蛋後，因溫差大而造成蛋裂），將雞蛋用大湯勺放入滾水中，開始計時 6 分鐘。煮的過程中，小心地用筷子以同方向不停地在鍋子中攪拌，讓蛋黃置中。

3. 時間到後將雞蛋撈起，放入冷水裡快速降溫後，先將蛋殼頭尾敲碎，並在冷水裡剝下蛋殼，這樣可以剝得比較漂亮。

水煮蛋作法

1. 取用一個有手把的湯鍋，倒入飲用水後，放入鹽巴與雞蛋。

2. 將整鍋置於瓦斯爐上，開大火，待沸騰之後轉中小火煮大約 7 分鐘。

3. 時間到後將雞蛋取出放涼，即可享用。

Chef's Tips

o 水煮蛋請在冷水的時候入鍋，溏心蛋請在水煮沸後再放。

o 所謂一百分的水煮蛋，就是煮好之後，蛋白跟蛋黃的中間沒有一層煮過頭的灰色物質，這樣用來做水煮蛋沙拉時，顏色才會漂亮。

溏心蛋 — 蛋黃呈半液態

水煮蛋（煮 7 分鐘）— 蛋黃剛好熟

水煮蛋（煮 8 分鐘）— 蛋黃全熟

水煮蛋（煮 12 分鐘）— 煮過久，蛋白與蛋黃中間出現灰色物質

CHAPTER ③ 快速滿足的美味早餐

苦茶油水煎蛋

雞蛋不一定要翻來翻去才算煎，這道用苦茶油＋鍋蓋燜煎的作法，不用翻面也能煎出外緣微酥、蛋黃剛剛好的完美煎蛋。這是一道操作簡單、成功率百分百的快手料理。

烹調時間 6～8 分鐘

日常應用 快速料理、便當菜

保存方法 現做現吃

材料（1 人份）

雞蛋 … 2 顆
苦茶油 … 30cc
飲用水 … 30cc
鹽 … 1/4 大匙

作法

1. 先取用一個小碗，把雞蛋打在碗裡備用。
2. 取用一個小的平底鍋，將苦茶油放入後，開大火，等待油溫到達工作溫度（用木筷放入油鍋中測試，筷子前端冒泡泡的時候）後，將雞蛋放入煎大約 30 秒。
3. 30 秒後迅速將飲用水倒入鍋中，立刻蓋上鍋蓋再煎 30 秒，關火。此時煎蛋會呈現蛋白酥脆、蛋黃不熟的狀態，撒上鹽即可享用。

Chef's Tips

- 製作水煎蛋時，請全程大火不用翻面，這樣蛋白才會形成酥脆口感。
- 如果想要吃全熟的蛋黃，就在蓋上鍋蓋的 30 秒之後，轉小火、倒水 50～60cc 再煎 30 秒，蛋黃就會全熟。

CHAPTER ③ 快速滿足的美味早餐

072 — 073

馬可杯杯蒸蛋

不想開大鍋蒸蛋嗎？直接用馬克杯放進電鍋就能完成囉！口感滑嫩細緻，而且一人一杯方便上桌。加一點鮂仔魚或蝦仁，不但提味，還能大幅提升蛋白質含量，是忙碌上班族與學生的好選擇。

烹調時間 15 分鐘

日常應用 快速料理、小家電

保存方法 現做現吃

材料（1 人份）

雞蛋 … 2 顆（約 100g）
飲用水 … 200cc
鹽 … 1/4 大匙

作法

1. 取用一個大碗，把所有材料放入並攪拌均勻，接著將蛋液過濾後，倒入馬克杯中。

2. 先在電鍋的外鍋倒入 200cc 的飲用水（材料分量外），按下開關預熱 5 分鐘後，再將馬克杯蛋液放入，蓋上鍋蓋（中間夾一支筷子），蒸 8 分鐘即可。

Chef's Tips

- 在外鍋與鍋蓋之間放一支筷子，不要完全密封，才能避免水氣過多、影響口感。
- 蛋液一定要過濾，口感才會滑順。
- 蛋與水的適當比例為「1：1.5～2」，可按個人喜好的口感調整水量，水越少，口感較紮實；水越多，口感較滑嫩。但水的比例不能超過 2，否則蛋液會難以凝結，以致蒸蛋不成形。
- 用來增添風味的材料都可以替換成個人喜歡的海鮮或蔬菜類，但都須燙熟以免食材出水，影響口感。圖中以少許翠綠冰滴橄欖油點綴（可省略）。

小魚蝦仁杯杯蒸蛋

材料（1人份）

熟蝦仁 … 3 隻
魩仔魚 … 1 大匙
雞蛋 … 2 顆（約 100g）
飲用水 … 200cc
鹽 … 1/4 大匙

作法

1. 將蝦仁、魩仔魚稍微汆燙一下備用。
2. 按照「馬可杯杯蒸蛋」的步驟 1 製作蛋液後，加入蝦仁與魩仔魚，再按照步驟 2 蒸熟即可。

烹調時間
15 分鐘

日常應用
快速料理、小家電

保存方法
現做現吃

CHAPTER ③ 快速滿足的美味早餐

074 — 075

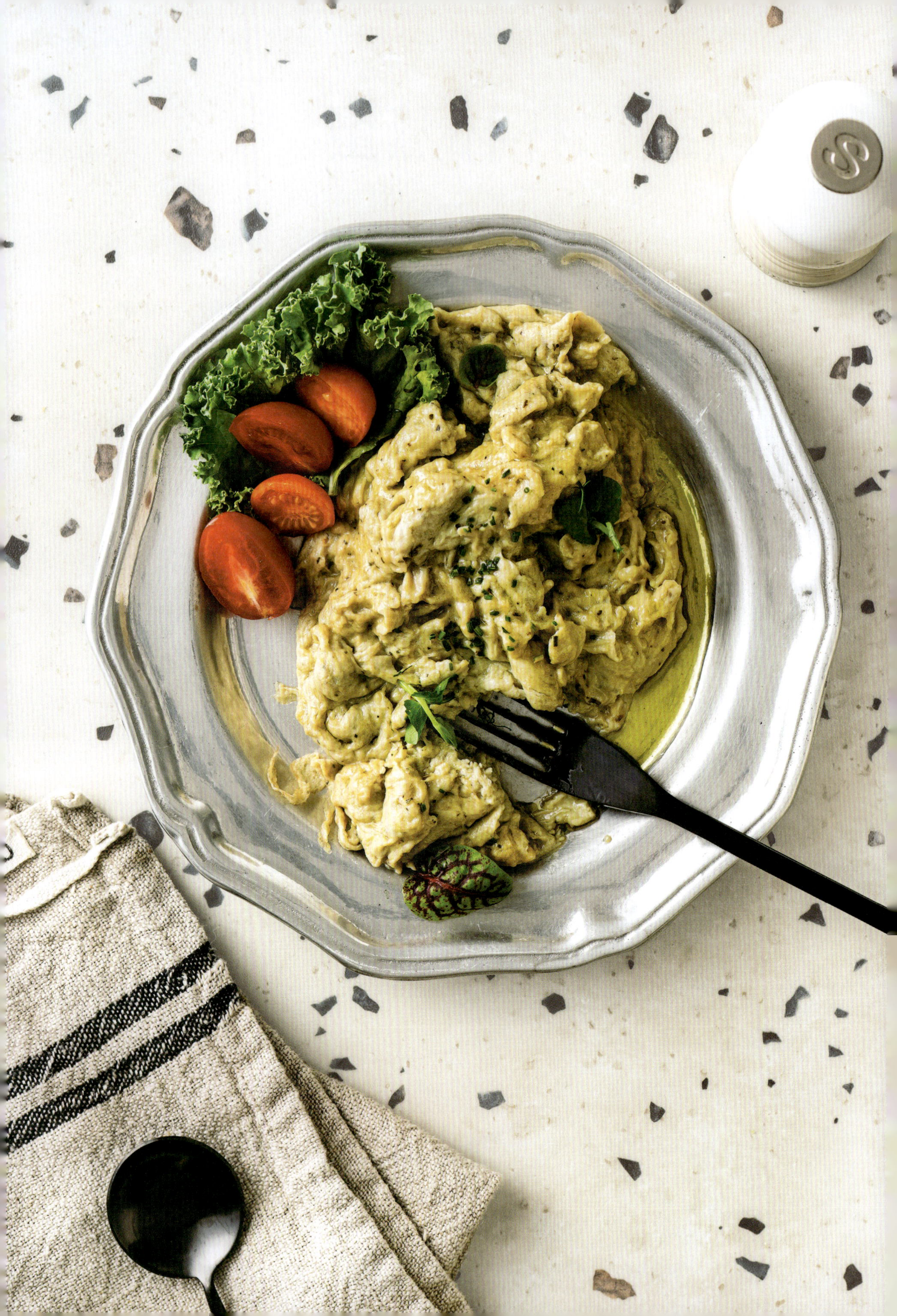

橄欖油
香料炒蛋

炒蛋不用奶油也好吃！利用橄欖油本身的風味，搭配一點義大利綜合香料，簡簡單單就能做出顏色金黃、香氣迷人的炒蛋。搭配全麥吐司以及生菜，就是一份快速好吃的地中海式早餐。

烹調時間 15 分鐘
日常應用 快速料理
保存方法 現做現吃

材料（1 人份）

雞蛋 … 2 顆
義大利綜合香料 … 1/4 大匙
鹽 … 1/4 大匙
冷壓初榨橄欖油 … 30cc

作法

1. 取用一個大碗，將雞蛋、義大利綜合香料與鹽放入，攪拌均勻備用。
2. 取用一個大的平底鍋，倒入橄欖油，開大火，等待油溫到達工作溫度（用木筷放入油鍋中測試，筷子前端冒泡泡的時候）之後，倒入拌勻的蛋液，快速炒熟即可。

Chef's Tips

炒蛋的軟嫩滑順程度，可以依烹調時間自行調整。

浩克綠拿鐵

綠拿鐵主要使用大量的深綠葉菜，搭配香蕉與豆漿，口感濃郁、營養滿點，是早晨抗氧化果昔的超人氣代表！這裡使用的羽衣甘藍被稱為「超級食物」，含有葉酸、鈣和鐵等豐富的營養素，以及各種維生素等抗氧化物質，早上起床來一杯，立刻帶來滿滿的活力！

烹調時間 10 分鐘

日常應用 快速料理

保存方法 現做現吃

材料（2人份）

羽衣甘藍 … 100g
香蕉 … 100g
蘋果 … 100g
堅果 … 1 大匙
冷壓初榨橄欖油或亞麻仁油 … 1 大匙
牛奶或無糖豆漿 … 250cc

作法

1. 將香蕉、蘋果皆去皮備用。
2. 燒一鍋滾水，將羽衣甘藍汆燙 10 秒鐘後，迅速放入冰塊水中冰鎮，然後擰乾水分，放入果汁機中。
3. 將其餘所有材料放入果汁機中，攪打均勻即可享用。

Chef's Tips

羽衣甘藍可以換成任何你喜歡的綠色葉菜類，例如：小松菜、京都水菜，都相當推薦。但是記得蔬菜都要汆燙一下，以免喝不慣蔬菜原有的草腥味。

超級花青素紅拿鐵

富含花青素的紅火龍果搭配優格一起攪打，組合出夢幻亮粉紅，光看顏色就想喝一大口。甜美開胃又抗氧化，是小朋友與女性族群最愛的一款。

- 烹調時間：10 分鐘
- 日常應用：快速料理
- 保存方法：現做現吃

材料（4 人份）

紅龍果 … 300g（約 1/2 顆）
小豆苗 … 50g
無糖優格 … 150g
燕麥片 … 1 大匙
蔓越莓果乾或葡萄乾 … 1 大匙
冷壓初榨橄欖油或亞麻仁油 … 1 大匙
無糖豆漿或飲用水 … 600cc

作法

1. 將所有材料放入果汁機中，攪打均勻即可享用。

CHAPTER 3 快速滿足的美味早餐

纖活白拿鐵

山藥＋蘋果＋豆漿打成白拿鐵，口感綿滑、入口順喉，是腸胃敏感者與減醣族的早晨溫柔選擇。

烹調時間 10 分鐘
日常應用 快速料理
保存方法 現做現吃

材料（2人份）

日本山藥 … 100g
苜蓿芽或小豆苗 … 50g
蘋果 … 100g
蜂蜜 … 2 大匙
無糖豆漿或飲用水 … 300cc

作法

1. 將山藥與蘋果洗乾淨、去皮。
2. 將所有材料放入果汁機中，攪打均勻至滑順，即可享用。

Chef's Tips

為了不影響顏色呈現，建議使用蘋果、香蕉、苜蓿芽等這類不容易染色的水果蔬菜。

抗發炎
蘋果黃拿鐵

蘋果與薑黃的組合，不只清爽好喝，還能幫助降發炎、提升新陳代謝。如果昨晚不小心因為工作而熬夜了，隔天早上最適合喝這一杯，立即補充滿滿的修復力。

烹調時間 10 分鐘
日常應用 快速料理
保存方法 現做現吃

■ 材料（2 人份）

日本山藥 … 100g
苜蓿芽或小豆苗 … 30g
蘋果 … 200g
蜂蜜 … 1 大匙
薑黃粉 … 2 大匙
無糖豆漿或飲用水 … 400cc

■ 作法

1. 將山藥與蘋果洗乾淨、去皮。
2. 將所有材料放入果汁機中，攪打均勻即可享用。

Chef's Tips
- 薑黃粉可依照個人喜好增減用量。
- 夏天時可依照個人喜好添加冰塊去攪打。

CHAPTER ③ 快速滿足的美味早餐

活力巧克力果昔

喜歡可可風味但又怕胖嗎？這款用香蕉、無糖可可粉、豆漿與優格打成的果昔，既滿足甜癮，又不會讓你血糖暴衝！特別推薦夏天時添加冰塊去攪打，冰冰涼涼的口感更是暢快無比。

烹調時間 10 分鐘
日常應用 快速料理
保存方法 現做現吃

◾ 材料（2 人份）

香蕉 … 2 根（約 200g）
蜂蜜 … 1/2 大匙
無糖優格 … 200g（約 1 瓶）
無糖豆漿 … 450cc（約 1 瓶）
可可粉 … 2 大匙
冰塊 … 50g
亞麻仁油或冷壓初榨橄欖油 … 1/4 大匙

◾ 作法

1. 香蕉去皮之後，將亞麻仁油以外的所有材料放進果汁機中，攪打均勻至滑順狀。
2. 最後淋上亞麻仁油，即可享用。

Chef's Tips
豆漿也可以用市售的無糖杏仁漿取代，分量可自行斟酌。

檸檬優格沾醬

市售希臘優格中加入增添香氣的蒔蘿與檸檬，製成滑順的抹醬，搭配生菜或市售餅乾享用，不但開胃，還能控制熱量與血糖。照片中搭配的是「卡迪那豌豆脆片」，成分單純又含有蛋白質，是嘴饞想吃零食時的最佳救星！

烹調時間
10 分鐘

日常應用
快速料理、常備菜

保存方法
冷藏 2～3 天

材料（方便製作的量）

希臘優格 … 250g
乾燥蒔蘿 … 1/2 大匙
去皮蒜頭（切碎）… 1 瓣
蜂蜜 … 1 大匙
黃檸檬汁 … 50cc（約 1 顆）
黃檸檬皮 … 10g（約 1 顆）
鹽 … 1/4 大匙
黑胡椒碎 … 1/4 大匙

作法

1. 取一個大碗，放入所有材料，攪拌均勻即可。

Chef's Tips

- 檸檬優格醬只可以冷藏保存。
- 將生菜或豌豆脆片，沾取檸檬優格醬一起食用。

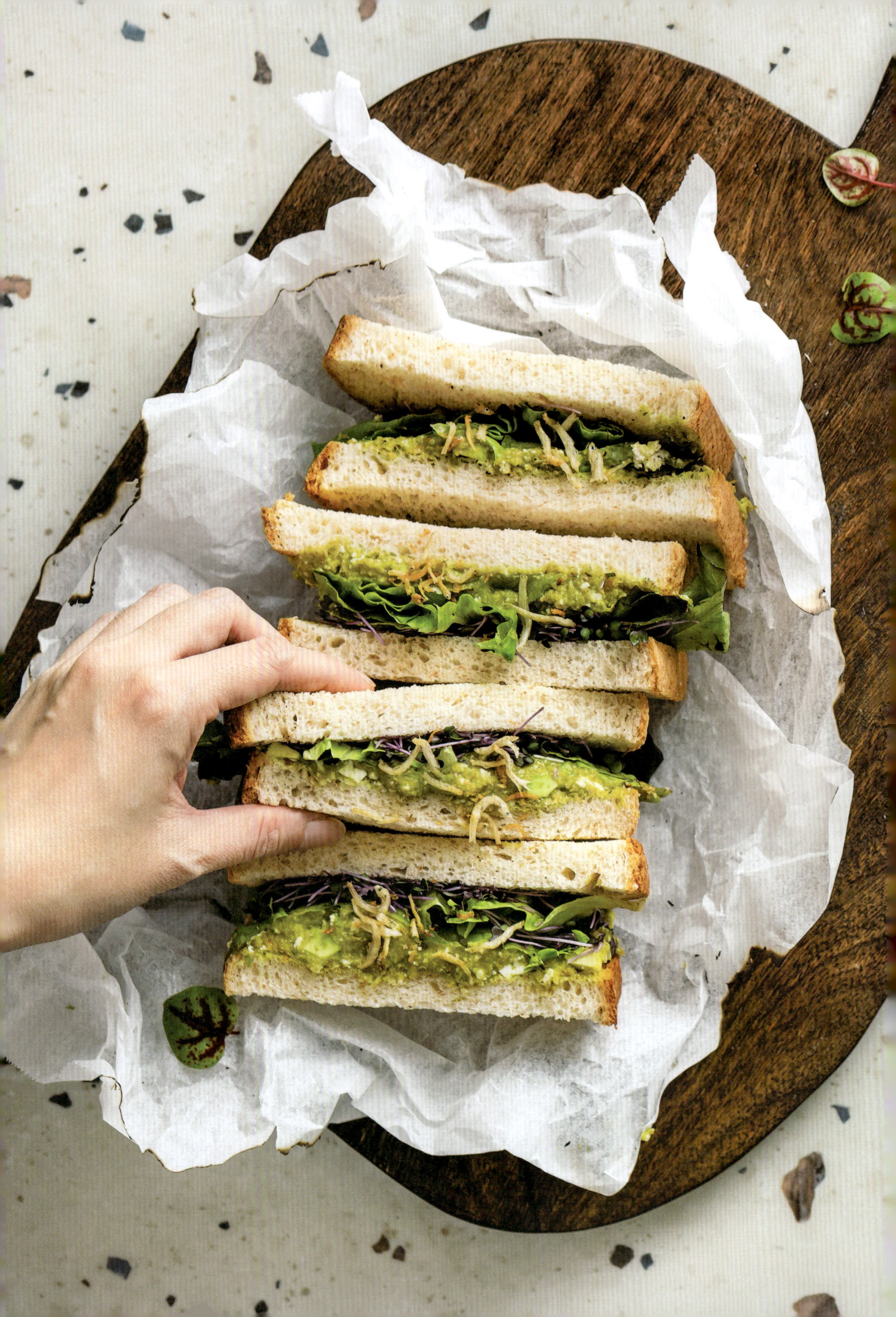

小魚脆口酪梨醬
全麥三明治

把鯽仔魚用小火炒香炒脆後拌入酪梨醬中,再夾進全麥吐司,一口咬下去,酥脆、滑潤、鹹香,一次到位,超涮嘴又超有記憶點。

烹調時間 **15 分鐘**　　日常應用 **快速料理**　　保存方法 **現做現吃**

▍材料（4 人份）

全麥吐司 ⋯ 4 片
熟鯽仔魚 ⋯ 30g
浩克酪梨醬 ⋯ 150g →作法參考 P.050
蘿美生菜 ⋯ 4 片（約 20g）
紅西洋生菜 ⋯ 4 片（約 20g）
綠捲鬚生菜 ⋯ 20g
紫高苗 ⋯ 少許
葡萄籽油 ⋯ 少許

▍作法

1. 取用一個平底鍋,放入少許葡萄籽油,將鯽仔魚用小火慢慢炒約8分鐘至脆化,然後拌入浩克酪梨醬中。

2. 所有生菜洗淨後瀝乾水分備用。

3. 將四片全麥吐司都用烤箱稍微加熱之後,取一片塗上酪梨小魚醬,鋪上生菜,再蓋上另一片吐司（總共製作兩個）,對半切開即可享用。

CHAPTER ③ 快速滿足的美味早餐

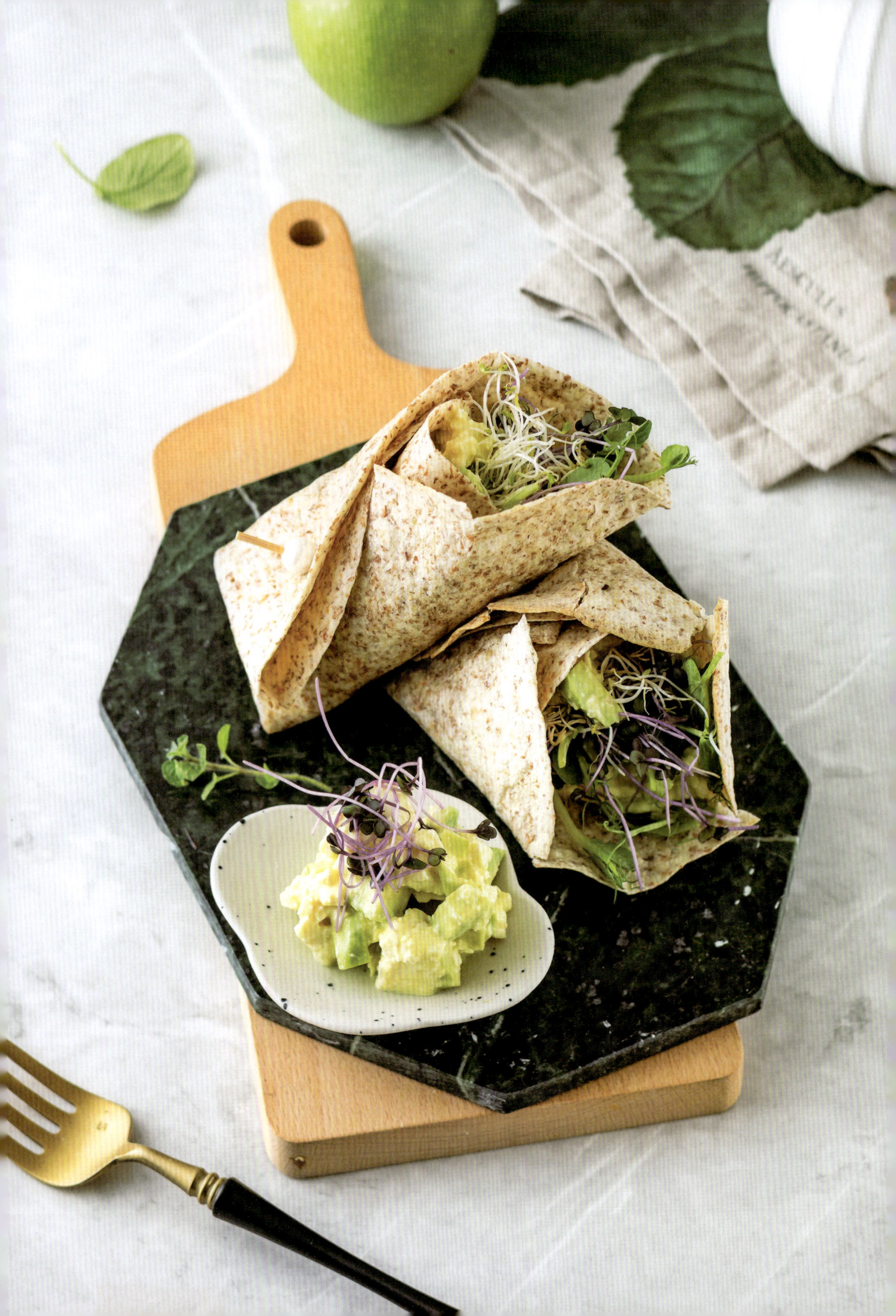

酪梨豆腐芽菜墨西哥卷

熟軟酪梨與板豆腐的組合，形成滑順、和諧的口感，再拌入蜂蜜優格醬，提升風味層次，搭配爽脆芽菜一起捲入墨西哥餅，便是甜鹹交錯、纖維與蛋白質一次滿足的完美早午餐！

烹調時間 15 分鐘
日常應用 快速料理
保存方法 現做現吃

材料（4 人份）

墨西哥餅皮 … 4 張
板豆腐 … 50g（約 1/2 塊）
酪梨 … 100g（約 1 顆）
簡單蜂蜜優格醬 … 100g →作法參考 P.049
黃芥末醬 … 1 大匙
苜蓿芽 … 20g
紫高苗 … 20g

作法

1. 先將烤箱預熱到 180°C 之後，放入墨西哥餅皮烘烤大約 30 秒，讓餅皮溫熱即可。
2. 將板豆腐、酪梨切小丁備用。
3. 取用一個大碗，將步驟 2 的材料、簡單蜂蜜優格醬與黃芥末醬放進去，攪拌均勻成酪梨豆腐醬。
4. 將餅皮平鋪於熟食砧板上，先均勻塗抹一層酪梨豆腐醬，再放上苜蓿芽、紫高苗，最後把餅皮捲起來（總共製作四個），即可享用。

Chef's Tips

墨西哥餅皮也可以不經烤箱烘烤，直接使用。如果需要烘烤，請留意不要烤過頭，避免餅皮變脆，以至於無法順利把材料捲起來。

胡椒風味毛豆醬
鮮蝦米紙卷

這幾年米紙很流行，好多人買了米紙卻不知道該怎麼用。所以這次也特別想教大家做這道菜，快速、簡單、好吃。越南米紙很適合拿來做低醣早餐，搭配毛豆打成的胡椒抹醬，加上蝦仁、蔬菜捲起來，一口一個清爽滿分，外帶吃也方便！

烹調時間
15 分鐘

日常應用
快速料理

保存方法
冷藏 1～2 天

材料（2人份）

越南米紙 … 4 張
紅洋蔥 … 100g
蘿美生菜 … 100g
香菜 … 10g
胡椒風味毛豆醬 … 200g → 作法參考 P.049
草蝦仁 … 200g（約 8 隻）
原味堅果 … 4 大匙
泰泰愛吃酸辣醬 … 120g → 作法參考 P.051

作法

1. 將紅洋蔥、蘿美生菜切絲，泡一下冰水冰鎮後瀝乾。香菜切碎。
2. 取用一個調理盆，將步驟 1 的材料與胡椒風味毛豆醬放進去，攪拌均勻備用。（圖 A）
3. 將草蝦仁燙熟，堅果敲碎備用。
4. 取用一個平底鍋，放入大約 1000cc 的飲用水（材料分量外）之後，放在瓦斯爐上開中火，加熱到水溫大約 60℃ 即可。
5. 取用一條食物專用的布巾，稍微浸泡飲用水之後，擰乾、平鋪於熟食專用砧板上，避免沾黏。
6. 將米紙泡在步驟 4 的溫水中大約 20 秒，即可取出，平鋪於布巾上。以部分重疊的方式鋪兩張。（圖 B、C）
7. 在米紙上，先放步驟 2 的生菜材料，再放上草蝦仁，接著撒上堅果。（圖 D）
8. 將米紙從寬的一邊往中間折，再從左右邊往內折，最後捲起來（總共製作兩個），即可沾泰泰愛吃酸辣醬享用。（圖 E、F）

Chef's Tips
- 燙米紙的溫水水溫勿過高，且動作要快，避免米紙在手中沾黏。
- 假如步驟 2 的攪拌過程中，覺得醬料不滑順、很難拌開，可以加少許油。

A 將生菜確實瀝乾後，混合胡椒風味毛豆醬充分拌勻。

B 市售米紙是乾燥薄片狀態，泡溫水就會變軟且黏手，必須迅速取出。

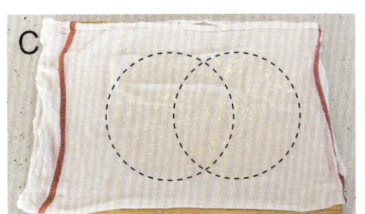

C 將兩片米紙稍微重疊，平鋪在乾淨的濕布巾上。

D 將生菜、蝦仁、堅果按順序疊在米紙上，並集中放在靠近自己身體的那一側。

E 擺好餡料後，將米紙從靠近自己身體的那一側往中間折，再從左右邊往內折，最後向前方捲起來。

F 完成後的米紙卷，可清楚看見包在裡頭的蝦仁與生菜。

CHAPTER 3 快速滿足的美味早餐

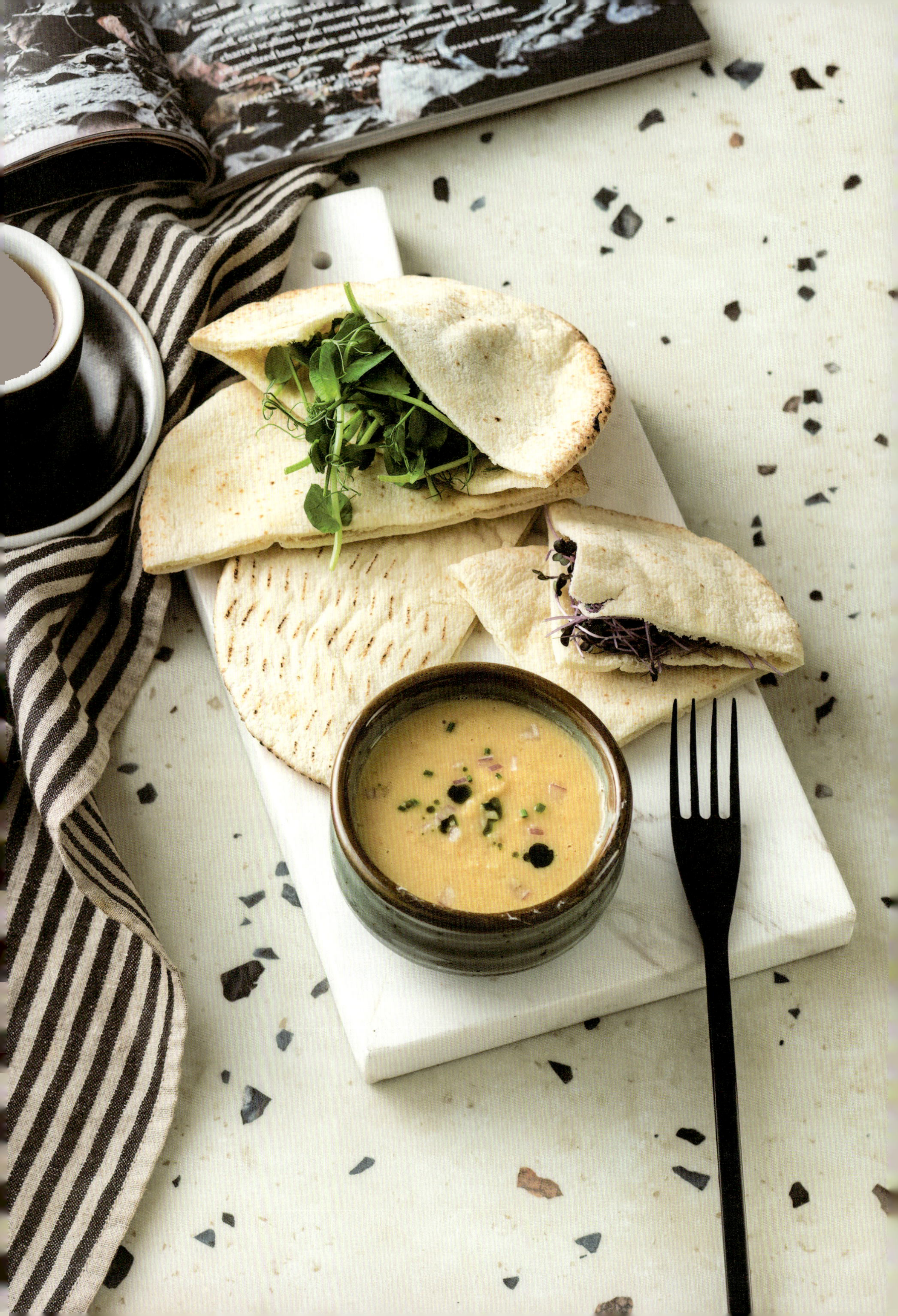

鷹嘴豆泥口袋餅

口袋餅不只適合夾肉！來點自製鷹嘴豆泥，撒上橄欖油與香料，瞬間變身地中海風味，蛋白質高、纖維多，還有異國感，就算放冷吃也不膩。

烹調時間 40 分鐘
日常應用 常備菜
保存方法 冷藏 2～3 天

材料（4 人份）

- 口袋餅 … 2 片
- 鷹嘴豆 … 150g
- 飲用水 … 500cc
- 培根 … 2 片
- 洋蔥 … 50g
- 白葡萄酒 … 25cc
- 雞高湯或水 … 250cc
- 黃檸檬汁 … 50cc
- 冷壓初榨橄欖油 … 50cc

作法

1. 先將鷹嘴豆泡水一個晚上（大約 10 小時），再拿至爐火上煮到豆子軟熟，放涼後，將豆子的外膜去除備用。
2. 將培根切段，洋蔥切絲備用。
3. 取一個平底鍋，放入約 50cc 橄欖油（材料分量外）、培根與洋蔥絲，開中火炒到上色。
4. 再將去除外膜的鷹嘴豆、白葡萄酒、雞高湯加入鍋中，開大火待其沸騰後，轉小火燉煮約 10 分鐘。
5. 接著將鍋中的內容物倒入食物調理機中，加入黃檸檬汁、橄欖油攪打均勻，即製成鷹嘴豆泥醬。
6. 將口袋餅稍微烤熱，一片切成四等分，搭配鷹嘴豆泥醬、喜歡的生菜（材料分量外）一起享用。

Chef's Tips

- 要用食物調理機攪打鷹嘴豆泥醬時，建議放冷再打比較安全。
- 這裡使用的是生鷹嘴豆，如果想節省煮熟的時間，也可以直接用水煮罐頭取代。

小黃瓜優格雞胸
黑麥三明治

早晨從冰箱取出一片事先備好的雞胸肉，搭配各種新鮮生菜，夾在黑麥麵包或吐司裡，再淋上小黃瓜優格醬，咬起來清爽濕潤，令人精神一振。這絕對是忙碌早上的早餐首選，補足蛋白質又不油膩！

烹調時間 10 分鐘　**日常應用** 快速料理　**保存方法** 現做現吃

▌材料（4 人份）

黑麥吐司 … 4 片（約 400g）
熟雞胸肉 … 200g → 作法參考 P.115
蘿美生菜 … 4 片（約 20g）
紅西洋生菜 … 4 片（約 20g）
綠捲鬚生菜 … 20g
清爽小黃瓜優格醬 … 200g → 作法參考 P.049

▌作法

1. 將黑麥吐司用烤箱稍微烤熱。熟雞胸肉切片。所有生菜洗淨後瀝乾水分備用。
2. 取一片吐司，先鋪上生菜葉，放上雞肉片，再淋上清爽小黃瓜優格醬，蓋上另一片吐司（總共製作兩個），對切之後即可享用。

Chef's Tips
醬汁可替換成奶油起司紅藜麥醬（P.049），也很搭。

CHAPTER ③ 快速滿足肉慾享

092 — 093

CHAPTER 4

EVERYDAY'S
MEDITERRANEAN
MEALS

蛋白質是合成肌肉的必要原料，
在提高代謝的過程中更是重要關鍵的營養。
地中海飲食推崇海鮮、白肉等優質蛋白質，
脂肪含量低，即使吃多了也不擔心發胖，
不過，這也不代表豬肉、牛肉等紅肉就要禁止，
均衡攝取多樣食材，才能補足身體需要的全營養！

高蛋白質的
豐盛主菜

均衡攝取蛋白質，
打造強健的代謝力！

經過十多年的地中海飲食，我自己深刻感受到「蛋白質的重要性」，每餐吃夠蛋白質，不僅讓我的運動效果更明顯，精神狀態也變得比以前好很多。

近年來，越來越多人有健身的習慣，也因此超商、超市到處都買得到「即時雞胸肉」，這是一件好事，不過，可別以為「增肌減脂＝只能吃雞胸肉」！蛋、肉、海鮮，還有毛豆、豆腐、豆漿等豆製品中，都含有豐富的動物性和植物性蛋白質。接下來，就要和大家分享我平常吃的蛋白質料理！

（ 海鮮料理 ）

地中海飲食非常推薦大家多吃海鮮，在台灣這個食材寶庫，無論你要魚、蝦、透抽還是貝類都很好取得，不僅熱量低、蛋白質含量高，還富含Omega-3脂肪酸，能幫助抗發炎、穩定血糖與促進脂肪代謝。而且海鮮大多熟得快，只要新鮮就好吃，是忙碌時快速補充元氣的好夥伴。

（ 肉類料理 ）

雞、豬、牛等各種肉類中，含有鐵、鋅、維生素等多樣營養，而且幾乎沒有碳水化合物，吃飽後不易造成血糖動盪，不會昏昏欲睡，能夠讓人更有活力。在烹調方式上，肉類也很好運用，煎炒燉煮，或是用氣炸、烤箱都能做出好吃的料理。

Chef's Tips

毛豆、黃豆等植物性蛋白質的攝取也很重要。我很常喝豆漿（要無糖的喔！），除了直接喝，也會用來打蔬果拿鐵。此外，我也常以豆腐當料理的副食材，或是用毛豆做成醬，讓每道菜的營養素盡可能多元。

肉類料理

肉類料理

海鮮料理

CHAPTER ④ 高蛋白質的豐盛主菜

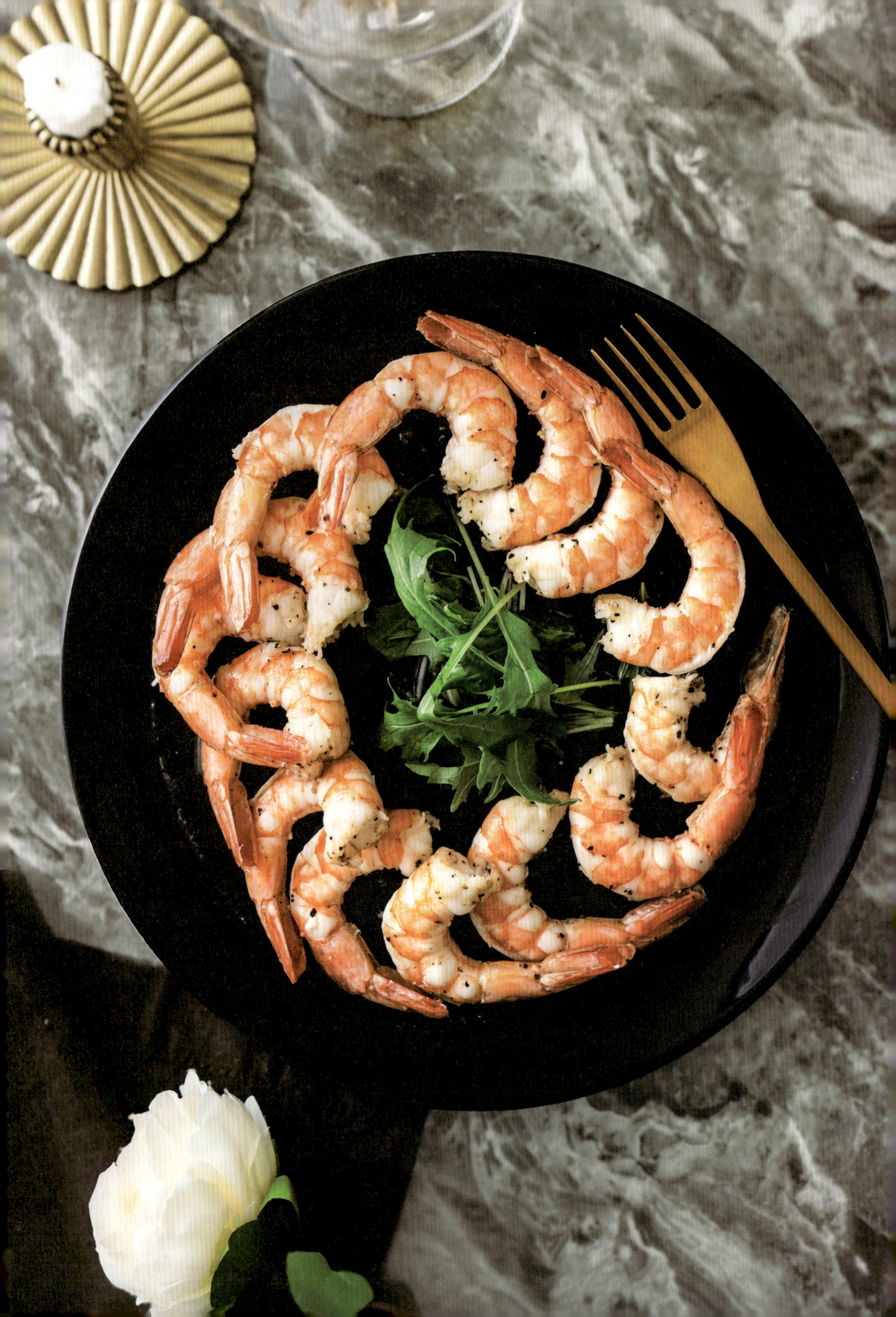

六十秒燜煎草蝦仁

- 烹調時間：10 分鐘
- 日常應用：快速料理
- 保存方法：冷藏 1～2 天

這道菜我只能說簡單到不可思議，卻好吃到不行！草蝦仁買回家後解凍擦乾，熱鍋加點橄欖油後下鍋煎，一分鐘就能完成一盤香氣逼人的高蛋白料理。非常適合忙碌平日、晚餐趕時間時上桌，單吃當主菜、加菜當配角都完美！而且蝦子不僅低脂，也含鋅、鐵、硒、磷等，有助於免疫力與代謝，是非常優質的蛋白質來源。

材料（2 人份）

- 草蝦仁 … 20 隻
- 白葡萄酒 … 100cc
- 冷壓初榨橄欖油 … 15cc
- 鹽 … 1/4 大匙
- 黑胡椒碎 … 1/4 大匙

作法

1. 將冷凍的草蝦仁走水退冰後瀝乾。
2. 取一個大碗，放入草蝦仁、橄欖油、鹽與黑胡椒碎拌勻，醃製約 3 分鐘。完成後，取一個圓瓷盤，將草蝦仁一個一個排好在盤子上備用。（圖 A）
3. 取一個平底鍋，放在瓦斯爐上開中火，確認鍋子熱度上來之後，將草蝦以排好的樣子移動到平底鍋中，煎約 1 分鐘到香味飄出，不要翻動草蝦仁。（圖 B）
4. 然後迅速將白葡萄酒倒進鍋子中並蓋上鍋蓋，燜燒大約 1 分鐘，即可享用。

A 將蝦子在盤子上先依序排整齊，再直接移入鍋中。

B 不用翻面，煎到有香氣後加入白酒燜燒，就可以讓蝦子均勻熟透。

Chef's Tips

如果購買比較大隻的草蝦仁，請將白葡萄酒的分量加多一點來加速蝦子的熟度，其餘步驟不變。

紙包香蔥
櫛瓜鱗片烤鯛魚

鯛魚營養價值高，是便宜又容易取得的食材，但大家常問「到底怎麼煮才不無聊？」推薦這道紙包魚的作法！只要用烘焙紙包住鯛魚與櫛瓜，搭配油醋醬汁，烤一下就能上桌。魚肉鮮嫩、蔬菜甜口，連鍋都不用洗，一舉多得。

烹調時間 20 分鐘

日常應用 小家電

保存方法 現做現吃

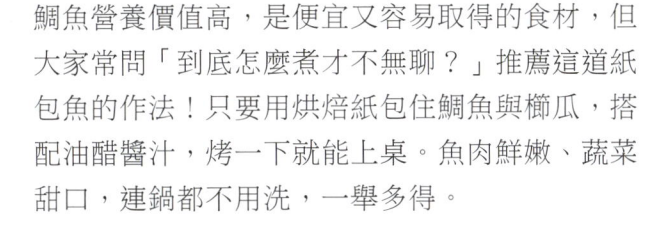

材料（2 人份）

鯛魚肉片 … 1 片（約 300g）
櫛瓜 … 100g（綠、黃各一半）
蔥香胡椒橄欖油醋 … 100cc
→作法參考 P.046

作法

1. 將櫛瓜整條橫向對切後，削成半圓形的薄片備用。
2. 取用一張大的烘焙紙，將鯛魚片均勻塗抹蔥香胡椒橄欖油醋後，放到烘焙紙上，再將兩種櫛瓜以鱗片方式交錯平鋪於魚肉上。接著用烘焙紙包起來。（圖 A、B、C、D）
3. 將烤箱（或氣炸鍋）預熱至 180℃，魚肉用烘焙紙包好後，放進烤箱，烤約 10 ～ 15 分鐘，即可取出享用。（圖 E、F）

Chef's Tips

- 在魚肉上鋪櫛瓜片，可以讓魚的肉汁不流失，保有濕潤口感，而且魚肉也會吸收蔬菜釋放出的甜味，烤製後的風味與口感都更好。
- 這道紙包魚作法，也適用於其他魚片。

A 在鯛魚片上均勻塗抹油醋醬後，放到烘焙紙上。

B 就像是魚的鱗片一樣，將兩種顏色的櫛瓜一片一片鋪在魚肉上。

C 把魚肉表面全部覆蓋櫛瓜片。

D 把烘焙紙先從上下兩側包覆，再捲起左右兩端。即可放入烤箱烘烤。

E 烤好後打開烘焙紙，裡面的魚肉都已烤熟，且呈現濕潤柔軟的狀態。

F 由於魚肉很軟嫩，如果需要擺盤，可以用平鏟或抹刀輕輕地鏟起。

紅黃彩椒
油醋炒中卷

烹調時間	15 分鐘
日常應用	快速料理 便當菜
保存方法	現做現吃

中卷一直是台灣人冰箱裡的熟面孔,但你有試過用油醋醬來炒它嗎?搭配紅椒和黃椒快炒,不但色彩繽紛、酸香開胃,還有濃濃的地中海氣息。吃起來不膩口,蛋白質、多酚、抗氧化一次到位,冷熱都好吃,超適合放進減脂便當裡。

材料(4人份)

花枝 … 200g(約 1 隻)
去皮蒜頭 … 15g(約 3 瓣)
白葡萄酒 … 50cc
紅黃彩椒多酚油醋 … 150g
→作法參考 P.047
冷壓初榨橄欖油 … 15cc

作法

1. 將花枝切片,蒜頭切碎備用。
2. 取用一個小湯鍋,加入 500cc 左右的水煮滾後,將花枝片汆燙 10 秒,然後迅速取出瀝乾。
3. 再取用一個有深度的平底鍋,加入橄欖油,放在瓦斯爐上開大火,加入蒜碎炒香後,加入花枝跟白葡萄酒。等到酒精稍微揮發之後,加入紅黃彩椒多酚油醋,拌炒均勻。
4. 確認花枝熟透之後,即可起鍋享用。

CHAPTER ④ 高蛋白質的豐盛主菜

- 烹調時間 15 分鐘
- 日常應用 快速料理 便當菜
- 保存方法 現做現吃

炭火甜椒醬燴鱸魚

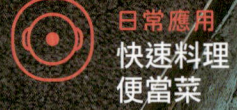

這道菜使用了馬可老師的私房「炭火甜椒醬」，香甜中帶點煙燻感，拿來煮去骨鱸魚排，味道溫潤，醬汁入味，吃起來超療癒。漂亮擺盤後端上週末晚餐桌，氣氛立刻升級，是一道既減醣又浪漫的料理！

材料（2人份）

鱸魚片 … 300g（約 1 片）
去皮蒜頭 … 10g（約 2 瓣）
乾燥洋香菜 … 10g
炭火甜椒醬 … 100g
→作法參考 P.052
黑胡椒碎 … 1/4大匙
鹽 … 1/4大匙
動物性鮮奶油 … 50cc
飲用水 … 100cc
冷壓初榨橄欖油 … 15cc

作法

1. 將鱸魚片洗乾淨，蒜頭拍碎備用。
2. 取用一個有深度的平底鍋，加入橄欖油與蒜碎，放在瓦斯爐上開中火，等待油溫到達工作溫度（用木筷放入油鍋中測試，筷子前端冒泡泡的時候）後，炒到香味飄出。
3. 將鱸魚片與其他材料都放進鍋子中，煮至沸騰後轉小火，蓋上鍋蓋燜煮約 2 分鐘。
4. 開鍋蓋確認鱸魚熟透後，即可享用。

蔥香胡椒油醋蒸小魚

這是一道對我來說充滿懷舊感的料理，我小時候住在萬里時幾乎天天吃。用蔥與胡椒提味，再加一點點油醋提酸，一口吃下，香氣撲鼻又不油膩。高蛋白、低熱量，不管當正餐、配菜還是沙拉主角，都非常百搭。

烹調時間 20 分鐘

日常應用 小家電／常備菜

保存方法 冷藏 2～3 天

材料（2 人份）

- 熟魩仔魚 … 200g
- 去皮蒜頭 … 10g（約 2 瓣）
- 蔥香胡椒橄欖油醋 … 100cc
  →作法參考 P.046

作 法

1. 取一個小湯鍋，加入大約 1000cc 的水，放在瓦斯爐上開火煮沸，將魩仔魚放進去汆燙大約 30 秒，即可取出瀝乾，放在一個大碗裡面。

2. 將切碎的蒜頭與蔥香胡椒橄欖油醋放進大碗裡，跟魩仔魚混合拌勻之後，放旁邊備用。

3. 先在電鍋（或蒸鍋）中加入 200cc 的水，按下開關等待沸騰後，再將整碗調味好的魩仔魚封好鋁箔紙，放進電鍋蒸煮大約 10 分鐘，即可享用。

Chef's Tips

使用電鍋或者蒸鍋蒸煮時，請確認水是沸騰狀態，再開始蒸，時間才會正確且快速。

CHAPTER ④ 高蛋白質的豐盛主菜

白酒洋蔥醬燴淡菜

你可能沒想過，淡菜低脂、高蛋白、富含營養，而且價格不貴吧？這道靈感來自法式料理的燴煮菜，選用白酒與洋蔥慢炒做醬底，清爽又富層次，而且不只適合淡菜，也可以用來煮蛤蜊、海瓜子。可以當成一道海鮮開胃菜，也能搭配全麥麵包當作輕食，一鍋多吃。

烹調時間 15 分鐘

日常應用 快速料理

保存方法 現做現吃

材料（2人份）

- 冷凍淡菜 … 1000g
- 紅洋蔥 … 100g（約 1/2 顆）
- 去皮蒜頭 … 40g（約 8 瓣）
- 白葡萄酒 … 100cc
- 乾燥洋香菜 … 10g
- 黑胡椒碎 … 1/4大匙
- 鹽 … 1/4大匙
- 動物性鮮奶油或牛奶 … 100cc
- 冷壓初榨橄欖油 … 15cc

作法

1. 將淡菜沖水退冰、洗乾淨。洋蔥切碎，蒜頭拍碎備用。

2. 取用一個有深度的平底鍋，加入橄欖油、蒜碎與洋蔥碎，放在瓦斯爐上開中火，等待油溫到達工作溫度（用木筷放入油鍋中測試，筷子前端冒泡泡的時候）之後，炒到香味飄出。

3. 香味飄出之後，將淡菜放進鍋子中，並倒入白葡萄酒，拌炒均勻後蓋上鍋蓋。

4. 煮到淡菜全部熟透之後，再加入乾燥洋香菜、黑胡椒碎、鹽與動物性鮮奶油拌勻，即可享用。

Chef's Tips

任何的貝殼類，只要吐完沙、洗乾淨之後，都可以使用這個方式烹調。

CHAPTER ④ 高蛋白質的豐盛主菜

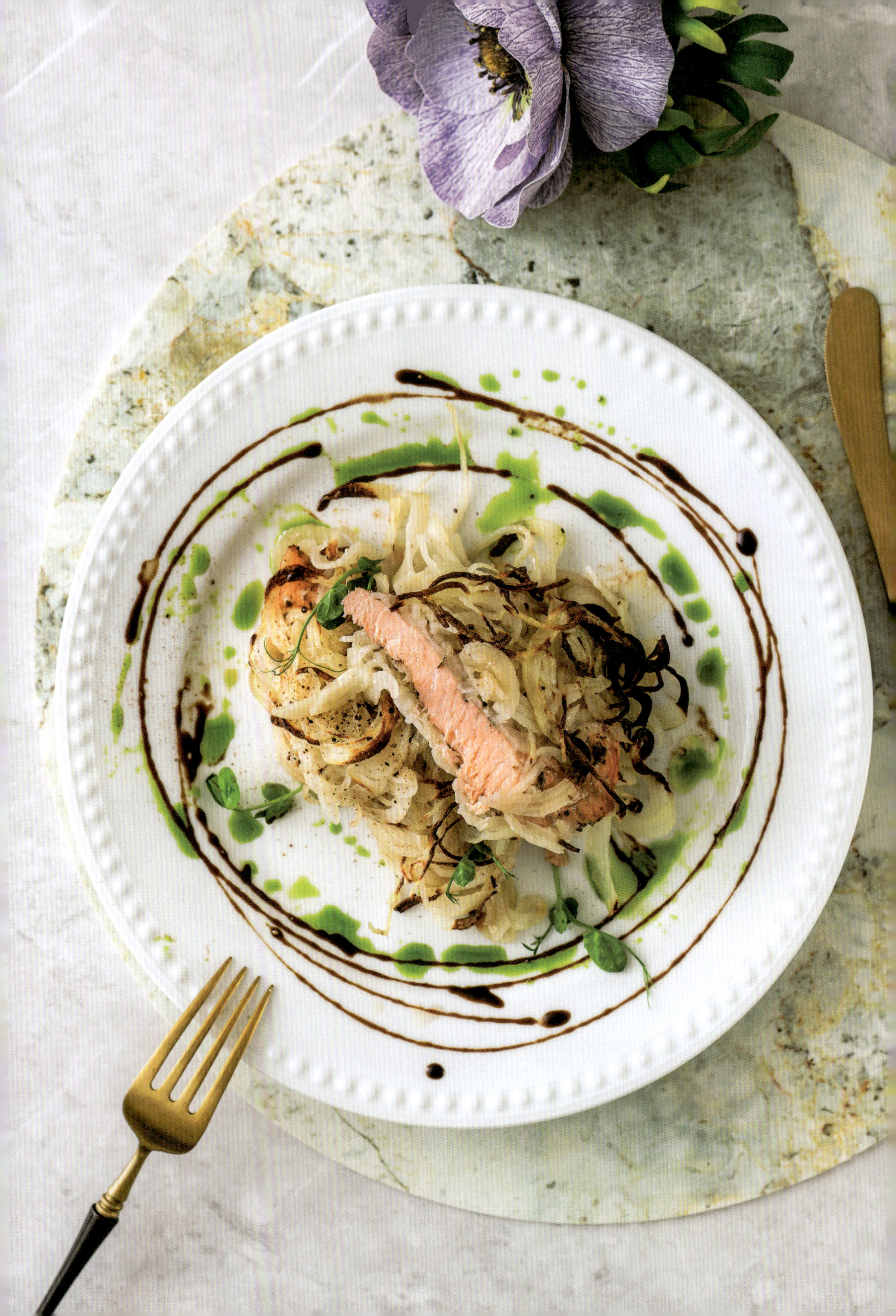

馬鈴薯絲氣炸鮭魚

這道是視覺系主菜代表！把馬鈴薯刨絲後裹在鮭魚排上，氣炸過後，吃起來外脆內嫩、口感豐富，而且蛋白質與澱粉一次搞定。適合當週末主餐，也適合作為「哄家人吃飯的祕密武器」，看起來像高級料理，其實一點也不難。

烹調時間 30 分鐘

日常應用 小家電

保存方法 現做現吃

材料（2 人份）

鮭魚 … 600g（切成 2 長條）
馬鈴薯 … 1 顆（約 200g）

醃製調味料

初榨橄欖油葡萄醋醬 … 100cc
→作法參考 P.046
鹽 … 1/4 大匙
黑胡椒碎 … 1/4 大匙
義大利綜合香料 … 1/4 大匙

作法

1. 將鮭魚放進一個大碗中，加入**醃製調味料**，塗抹均勻後靜置約 5 分鐘。
2. 將馬鈴薯削皮後，用蔬菜削鉛筆機（或水果削皮刀）削成細絲狀，然後用水稍微沖洗，去掉黏稠的澱粉質。
3. 將馬鈴薯絲均勻地捆在鮭魚上。捆好後用一張烘焙紙或鋁箔紙包好，避免馬鈴薯絲直接烤會燒焦。（圖 A、B）
4. 氣炸鍋（或烤箱）預熱至 180℃，把馬鈴薯絲捆鮭魚烤製 15 分鐘後取出，再將烤盤紙打開，然後放回氣炸鍋以 180℃ 再烤 3 分鐘。
5. 把外層的馬鈴薯絲烤至酥脆，並確認鮭魚熟透即可享用。

CHAPTER ④ 高蛋白質的豐盛主菜

A 像是捆繩子一般，將馬鈴薯絲纏繞在鮭魚肉上。

B 兩塊鮭魚肉都捆好馬鈴薯絲的樣子。

紫洋蔥燜煎鯖魚片

烹調時間	15 分鐘
日常應用	快速料理 / 常備菜 / 便當菜
保存方法	冷藏 2～3 天

鯖魚片一直是居家料理好幫手，但很多人容易把魚片煎得太乾，或擔心油會噴到臉。這道「燜煎法」簡單又安全，加上紫洋蔥的甜與酸中和了鯖魚的油脂，味道剛剛好。最棒的是冷熱都美味，完全是便當界的高蛋白明星。

▍材料（4 人份）

市售真空包薄鹽鯖魚 ⋯ 2 片（約 300g）
紅洋蔥 ⋯ 150g（約 1/2 顆）
白葡萄酒 ⋯ 100cc
黑胡椒碎 ⋯ 1/4 大匙
冷壓初榨橄欖油 ⋯ 15cc

▍作法

1. 將紅洋蔥切絲備用。
2. 取用一個有深度的平底鍋，放入橄欖油，開火加熱，確認油溫到達工作溫度（用木筷放入油鍋中測試，筷子前端冒泡泡的時候）之後，將鯖魚片的皮面朝下，煎至金黃色後取出放旁邊。
3. 迅速將洋蔥絲放入同一個鍋子中，炒到香味飄出之後，再將鯖魚片的皮面朝上、放在洋蔥絲上面，然後加入白葡萄酒，迅速蓋上鍋蓋燜煎 3 分鐘後，確認鯖魚熟透，撒上黑胡椒碎即可享用。

Chef's Tips

薄鹽鯖魚已有鹹度，所以建議不要再加鹽巴來調味。

CHAPTER ④ 高蛋白質的豐盛主菜

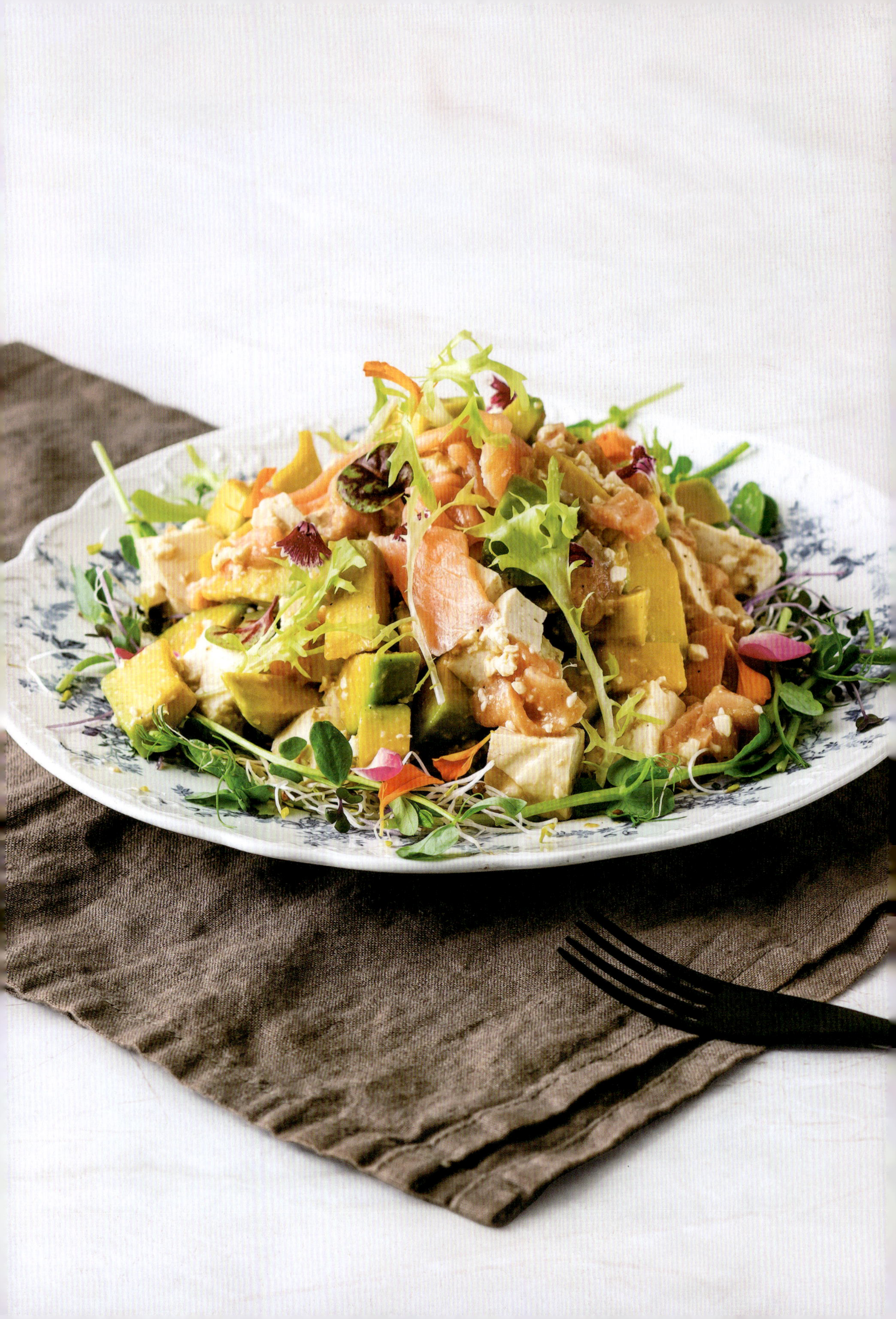

燻鮭酪梨
胡麻拌豆腐

油脂豐富的酪梨與煙燻鮭魚，搭配滑順的豆腐丁與脆口芽菜，再加上日式風味的胡麻醬提香，風味富有層次，還能一次補充到動物性和植物性蛋白質，是一道「看起來清爽但其實超有飽足」的存在。

烹調時間 10 分鐘　**日常應用** 快速料理　**保存方法** 現做現吃

■ 材料（2人份）

煙燻鮭魚 … 200g
熟透酪梨 … 150g
板豆腐 … 100g
苜蓿芽 … 50g
小豆苗 … 30g
和風胡麻醬 … 60g
→作法參考 P.053

■ 作法

1. 將煙燻鮭魚切小片，酪梨切小丁或搗碎，板豆腐切小丁。
2. 先將苜蓿芽跟小豆苗混合之後，鋪在一個大盤子上。
3. 取用一個調理盆，放入煙燻鮭魚、酪梨、板豆腐以及和風胡麻醬，充分攪拌均勻。
4. 將攪拌好的煙燻鮭魚等主材料放在生菜上，即可享用。

地中海式
氣炸嫩雞胸

「雞胸肉怎麼煮才不乾柴？」這個問題很多人都很好奇。這道雞胸水浴法是參考我在飯店時期學到的嫩煮技法，搭配氣炸收乾表面，最後呈現外酥內嫩、剛剛好的口感。建議可以多做幾片、儲備在冰箱，除了直接吃，加入沙拉、三明治等都超好用。

烹調時間	日常應用	保存方法
20 分鐘	小家電、常備菜、便當菜	冷藏 3～4 天

■ 材料（4 人份）

雞胸肉 … 600g（約 2 片）
簡單蜂蜜優格醬 … 100g
→作法參考 P.049
飲用水 … 50cc

醃製調味料
義大利綜合香料 … 1/2 大匙
鹽 … 1/4 大匙
白胡椒粉 … 1/4 大匙
白葡萄酒 … 50cc
初榨橄欖油葡萄醋醬 … 30cc
→作法參考 P.046

■ 作法

1. 將雞胸肉稍微沖洗乾淨、瀝乾後，加入**醃製調味料**稍微搓揉，浸泡一個晚上（大約 12 小時，等待入味）。（圖 A、B）

2. 隔天將醃好的雞胸肉放在烤盤上，等待氣炸鍋（或烤箱）預熱至 180℃ 後，在烤盤中加入 50cc 左右的飲用水，將雞胸肉先以 180℃ 烘烤 6～7 分鐘之後，拿出來翻面再烘烤 6～7 分鐘，即可取出放涼。（圖 C、D）

3. 將雞胸肉切片，淋上蜂蜜優格醬，即可享用。（圖 E、F）

Chef's Tips

○ 優格醬一開始不要淋太多，如果覺得口味不夠，再增加分量。

○ 將雞肉加水一起烘烤，可以減少水分流失，讓肉質軟嫩。因為肉品加熱過程中，蛋白質會收縮、釋放出水分，若加水一起烘烤，便能讓肉品有較多的時間熟透，不會因為急劇升溫而收縮過快。營造一個充滿蒸氣的濕潤環境，也有助於整體均勻熟成。

A 將雞胸肉與所有醃製調味料備好。

B 將醃製調味料均勻地塗抹在雞胸肉上，再放入冰箱冷藏 12 小時。

C 在醃好的雞胸肉裡，倒入飲用水，再開始烘烤。

D 烘烤 6～7 分鐘後取出，將雞胸肉翻面、再回烤。

E 兩面都烤好的樣子。

F 烤好的雞胸肉，內裡呈濕潤狀態。

COLUMN

三種口味嫩雞胸

這裡要再教大家做出三種不同口味的嫩雞胸,作法與「地中海式氣炸嫩雞胸」相同,只要替換醃製用的調味料,就能轉變成不同風味。不同口味輪著吃,吃十天也不會膩!

A 蔥香胡椒橄欖油醋口味

雞胸肉 ⋯ 600g(約 2 片)
醃製調味料
蔥香胡椒橄欖油醋 ⋯ 30cc
→作法參考 P.046
白胡椒粉 ⋯ 1/4 大匙
白葡萄酒 ⋯ 50cc

B 薑黃口味

雞胸肉 ⋯ 600g(約 2 片)
醃製調味料
薑黃粉 ⋯ 1/2 大匙
鹽 ⋯ 1/4 大匙
白胡椒粉 ⋯ 1/4 大匙
白葡萄酒 ⋯ 50cc

C 翠綠冰滴橄欖油口味

雞胸肉 ⋯ 600g(約 2 片)
醃製調味料
翠綠冰滴橄欖油 ⋯ 30cc
→作法參考 P.055
鹽 ⋯ 1/4大匙
白胡椒粉 ⋯ 1/4大匙
白葡萄酒 ⋯ 50cc

CHAPTER ④ 高蛋白質的豐盛主菜

迷迭香橄欖油
氣炸半雞

- 烹調時間 **60 分鐘**
- 日常應用 **小家電、便當菜**
- 保存方法 **冷藏 2～3 天**

一般超市不太賣「半雞」，所以在這裡也有個重點，就是要教大家如何輕鬆把「全雞」變「半雞」，半雞也比較適合家用氣炸鍋、烤箱的大小。材料中是以方便採買的「全雞」來設計，可以烤兩次（家裡烤箱夠大的話也可以一次烤全雞）。雞腿的多汁加上雞胸的飽足，一次滿足！配上迷迭香與初榨橄欖油的香氣，外酥內嫩，氣炸鍋一鍵搞定。週末晚餐來一盤，儀式感與高蛋白同步上桌！

材料（4人份）

全雞 … 1隻（約2台斤）

醃製調味料

蒜頭（切碎）… 3瓣
乾燥迷迭香 … 5g
冷壓初榨橄欖油 … 100cc
白葡萄酒 … 100cc
鹽 … 2大匙
二號砂糖 … 2大匙
白胡椒粉 … 1/2大匙

作法

1. 將雞肉稍微沖洗乾淨、瀝乾之後，用剪刀，先把雞翅最前端的部分去除，再分別從屁股左右兩側剪至頭部，去除脊椎骨後，把肉翻開，從中間剪成兩半，再度清洗乾淨後瀝乾備用。（圖A～E）

2. 取用一個大碗，將**醃製調味料**的所有材料放進去攪拌均勻之後，塗抹於整隻雞身上，裡裡外外都確認塗抹均勻，即可放進冰箱冷藏醃製24小時。

3. 隔天要烤雞的時候，先將氣炸鍋（或烤箱）預熱到150℃，將雞肉放在烤盤上，用150℃烤50分鐘，即可享用。

Chef's Tips

o 整隻雞在醃製的時候，請徹底均勻塗抹調味料，塗抹完畢也可用塑膠袋整個包緊，這樣更容易入味。

o 去除脊椎骨，是為了清掉沾黏於兩側的內臟，這樣可避免雞肉產生腥味。

A 圖上標示的位置，即為脊椎骨所在之處。

B 先從脊椎骨的左側或右側，從雞屁股往雞頭方向剪斷。

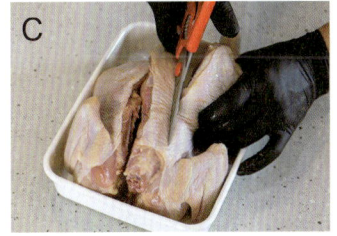

C 再到脊椎骨的另一側，同樣從雞屁股往雞頭方向剪斷。

D 取出中間的脊椎骨。

E 去除脊椎骨後的樣子，接下來就能依照料理需求進行分切。

義大利香料
氣炸雞腿

吃雞腿最怕的就是油膩感，但這道雞腿加入義大利香料醃製後氣炸，皮脆肉嫩、香而不膩。搭配清爽酸甜的小番茄黛絲醬，適時地發揮解膩效果，還帶出地中海風情，是減重時補充蛋白質，又不想委屈自己味蕾的完美選擇。

烹調時間 20 分鐘

日常應用 小家電

保存方法 冷藏 2～3 天

材料（4 人份）

去骨雞腿 … 4 隻
洋蔥 … 150g（約 1/2 顆）
小番茄黛絲醬 … 300g
→作法參考 P.050

醃製調味料
白葡萄酒 … 50cc
義大利綜合香料 … 1/2 大匙
鹽 … 1/2 大匙
白胡椒粉 … 1/4 大匙

作法

1. 將去骨雞腿稍微沖洗乾淨、瀝乾後切粗條。
2. 取用一個大碗，放入雞腿與**醃製調味料**，充分攪拌均勻後，放進冰箱冷藏醃製大約 12 小時。
3. 將氣炸鍋預熱到 180℃ 之後，取用一張大的烤盤紙鋪進烤盤，鋪上切絲的洋蔥之後，就可以放上醃漬好的雞腿，用 180℃ 烘烤 15 分鐘（若是用烤箱，以 180℃ 烘烤 20 分鐘）。
4. 時間到後，確認雞腿全熟，取出擺盤。
5. 將小番茄黛絲醬淋在雞腿上面，即可享用。

Chef's Tips
去骨雞腿也可以改成雞胸切片，但是烘烤的時間需調整為 10 分鐘。

CHAPTER ④ 高蛋白質的豐盛主菜

黃檸檬香氛油醋
烤雞翅

雞翅真的不只有「炸」這一種選擇！用黃檸檬油醋醬醃過再烤，皮酥肉嫩、酸香開胃，脂肪含量較低，而且滿滿膠原蛋白，吃起來毫無罪惡感。無論是作為派對料理，或是週末時療癒身心的下酒菜，甚至減重便當菜都合用。

烹調時間 20 分鐘

日常應用 小家電、預調理、便當菜

保存方法 冷藏 2～3 天

■ 材料（2人份）

雞二節翅 … 10 隻
黃檸檬香氛油醋 … 100cc
→作法參考 P.047

■ 作法

1. 把雞翅稍微沖洗乾淨之後瀝乾。取用一個大碗，把雞翅以及黃檸檬香氛油醋放進去攪拌均勻，醃漬 12 小時。

2. 要烤雞翅的時候，先將氣炸鍋（或烤箱）預熱到 180℃，把雞翅放在烤盤上，以 180℃ 烘烤 15 分鐘即可享用。

Chef's Tips

這個作法的雞翅很適合當作冷凍常備品。可以大量醃製起來，保存在冷凍室 2～3 週，想吃的時候只要放冷藏解凍之後，即可烤熟享用。

CHAPTER ④ 高蛋白質的豐盛主菜

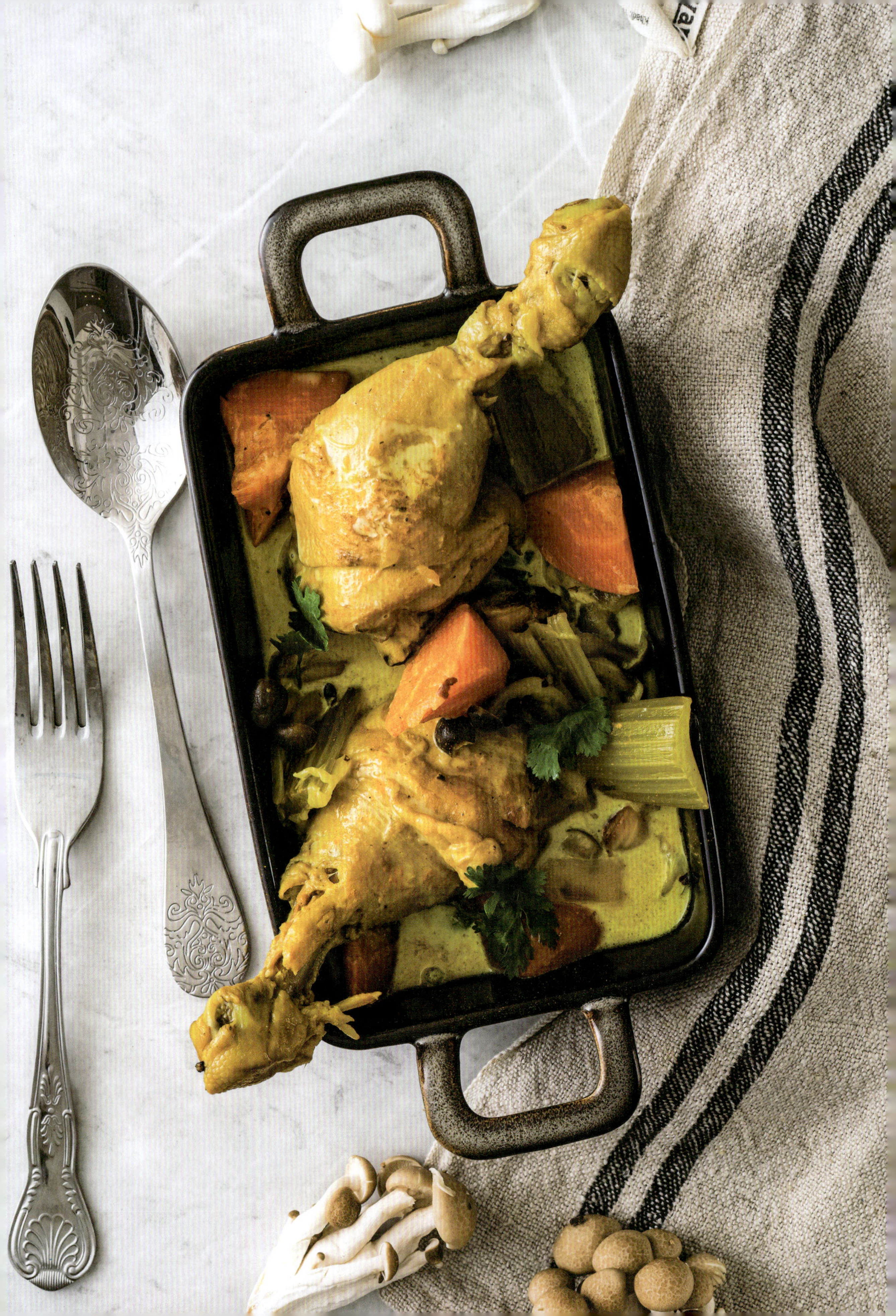

抗發炎薑黃
燉棒棒雞腿

烹調時間 **50 分鐘**

日常應用 **常備菜**

保存方法 **冷藏 2～3 天**

這道料理根本是為「運動過後肌肉痠痛的人」量身打造！結合抗發炎聖品「薑黃」、氣味溫潤的蔬菜燉汁，大口咬下棒棒腿，暖身也暖胃，補蛋白又消疲勞。週日備好一鍋，接下來幾天都有強壯補給！

材料（4 人份）

棒棒腿 … 4 隻（約 1 台斤）
去皮蒜頭 … 10 瓣（約 50g）
洋蔥 … 150g（約 1/2 顆）
美白菇 … 1 包（約 120g）
西洋芹 … 100g（約 1 支）
紅蘿蔔 … 150g（約 1/2 條）
月桂葉 … 5 片
飲用水 … 800cc
動物性鮮奶油 … 50cc
冷壓初榨橄欖油 … 15cc
薑黃粉 … 1 大匙
黑胡椒碎 … 1/2 大匙
鹽 … 1/2 大匙

作法

1. 將洋蔥、西洋芹、紅蘿蔔都切塊。
2. 取用一個有深度的平底鍋，倒入橄欖油，放在瓦斯爐上開火，等待油溫到達工作溫度（用木筷放入油鍋中測試，筷子前端冒泡泡的時候）後，把雞腿放進去，煎到表面金黃焦香即可取出。
3. 在同一個平底鍋中，依序放入蒜頭、洋蔥、美白菇，炒到香味飄出，再加入薑黃粉炒香之後，把西洋芹、紅蘿蔔、月桂葉、飲用水放進去。
4. 然後把煎過的雞腿放回鍋中，開大火，煮到沸騰之後，轉小火燉煮大約 20 分鐘。
5. 確認雞腿已煮到熟軟，加入黑胡椒碎與鹽，並淋上動物性鮮奶油，即可享用。

Chef's Tips

如果棒棒腿不好購買，也可以換成去骨雞腿，將去骨雞腿的燉煮時間改為 15 分鐘即可。

CHAPTER ④ 高蛋白質的豐盛主菜

高蛋白雞肉
豆腐漢堡排

這道料理一次可以攝取到動物性和植物性的優質蛋白質，雞胸肉低脂，但沒處理好容易乾澀，加入豬絞肉可以增加油潤度，簡單創造多汁的軟嫩口感。小漢堡排先捏好放冷凍非常方便，需要的時候再拿出來煎熟，當成三餐配菜、帶便當，或是夾在麵包裡做成漢堡、三明治都好吃。

烹調時間
30 分鐘

日常應用
預調理、便當菜

保存方法
現做現吃

材料（4人份）

- 雞胸絞肉 … 250g
- 豬絞肉 … 250g
- 板豆腐 … 1/2 塊（約 75g）
- 紅蘿蔔 … 1/2 條（約 75g）
- 乾香菇 … 5g
- 雞蛋 … 1 顆
- 青蔥 … 1 支
- 中筋麵粉 … 1 大匙
- 鹽 … 1/4 大匙
- 白胡椒粉 … 1/4 大匙
- 二號砂糖 … 1/4 大匙
- 醬油 … 1/2 大匙
- 香油 … 1/2 大匙

作法

1. 將板豆腐捏碎，紅蘿蔔和青蔥切碎，乾香菇泡軟後切碎。
2. 取用一個大碗，將所有的材料都放進去之後，攪拌均勻。
3. 將雞肉餡料大概分成八等份，捏成圓餅狀。
4. 取用一個大的平底鍋，加入大約 30cc 橄欖油（材料分量外），放在瓦斯爐上開大火，等到油溫到達工作溫度之後（用木筷放入油鍋中測試，筷子前端冒泡泡的時候），將雞肉圓餅放進去煎製，煎至其中一面呈現金黃色之後，就轉成小火，並把雞肉餅翻面。（圖 A）
5. 當雞肉餅兩面都呈現金黃色之後，開回大火，迅速加入 100cc 的飲用水（材料分量外），蓋上鍋蓋燜約 3 分鐘即可享用。（圖 B）

A 雞肉餡料攪拌均勻之後，捏塑成一個一個大小差不多的扁圓形，放入鍋中煎。

B 兩面都煎到上色後，倒入飲用水，並迅速蓋上鍋蓋燜一下。

Chef's Tips

- 像這樣加入飲用水煎製肉類的方式，稱為「水煎法」，像是市售一般的水煎包，也是用這種方式製作。可以讓肉質快速熟透，也保留更多原汁。
- 捏成圓餅狀後不煎熟，直接平鋪在保鮮盒中，可以冷凍 2～3 週。

芝麻葉烤豬絞肉串

多數人都覺得絞肉只能做成肉丸,但是把它捏成小肉串,烤一烤,香氣更集中、口感更有層次。在豬絞肉中加入雞胸絞肉降低熱量和油感,也增加更多不同食材的營養素,再搭配韓國芝麻葉、紫蘇葉或台灣九層塔,一口咬下有肉香也有草本香。它是便當的亮點,也是下酒小品的主角,讓豬絞肉搖身一變成為高蛋白料理界的隱藏王牌!

烹調時間 30 分鐘

日常應用 預調理 便當菜

保存方法 現做現吃

材料（4 人份）

豬絞肉 … 450g
雞胸絞肉 … 150g
絞豬板油 … 35g
洋蔥（切碎）… 50g
雞蛋 … 1 顆
義大利綜合香料 … 1/2 大匙
冷壓初榨橄欖油 … 1 大匙
鹽 … 1/2 大匙
砂糖 … 1/4 大匙
黑胡椒碎 … 1/4 大匙
新鮮韓國芝麻葉 … 約 50g

作法

1. 取一個大的調理盆，把韓國芝麻葉以外的所有材料放進去，混合均勻。

2. 用手把所有材料打至有筋性及黏性，然後放入冰箱冷藏醃製一天，等待味道融合。

3. 隔天取出後，用手抓大約 50g 醃製好的絞肉餡料，將竹籤插進去，搓揉成如同香腸的外型。總共製作約 16 支。（圖 A、B、C）

4. 把做好的棒狀肉串，分別捲上一張韓國芝麻葉。（圖 D、E）

5. 將烤箱預熱至 180℃，將所有肉串放入烤箱裡烤 10 分鐘左右，即可享用。（圖 F）

Chef's Tips

- 步驟 2 攪打好的絞肉，可以冷凍保存 2～3 週，要吃之前再取出退冰、做成芝麻葉肉串。這道料理覆熱容易變乾，較不適合當常備菜。
- 製作肉串時，可以在手上抹些橄欖油，讓材料不會黏手也比較容易塑型。
- 所有材料務必醃製一天左右的時間，味道才會融合在一起，這是好吃的關鍵！
- 如果家中有攪拌機，可利用它來攪打絞肉餡料，比較省力且快速。

A 準備好拌勻的絞肉餡料、韓國芝麻葉、竹籤以及烤盤。

B 先抓取適量的絞肉餡料，放置於手掌心，然後插入一根竹籤。

C 一邊轉動，一邊搓揉成長條狀。

D 用韓國芝麻葉將塑型好的絞肉餡料包起來。

E 把全部絞肉餡料都串好竹籤、包好芝麻葉後，即可進烤箱烘烤。

F 烤好後的樣子。

泰泰愛吃酸辣松阪豬

酸辣開胃、肉質脆彈，熱吃滿足、冷吃不膩。這是我們家可可夫人最愛的減醣醬汁，與我最愛的松阪豬的夢幻聯名！聽到泰式的地中海料理，很特別吧！很多人以為地中海飲食只能吃西餐，但只要掌握低卡、減醣、好油、使用原型食物的基本原則，其實沒有太多限制，無論中式、泰式、日式料理，都能成為地中海飲食。

烹調時間
15 分鐘

日常應用
快速料理
小家電
便當菜

保存方法
冷藏 2～3 天

■ 材料（4人份）

松阪豬肉 … 2 台斤（約 4 片）
泰泰愛吃酸辣醬 … 90g
→作法參考 P.051

■ 作法

1. 將松阪豬肉稍微清洗乾淨之後切片，再用廚房紙巾擦乾，放入一個大碗中，並加入泰泰愛吃酸辣醬拌勻，醃漬 24 小時。

2. 將醃漬好的松阪豬肉放在烤盤上，將烤箱預熱至 180℃ 後，將松阪豬肉放進去烘烤 15 分鐘。

3. 時間到後確認松阪豬肉熟透，即可切片享用。

Chef's Tips

盛盤後可以撒上香菜、堅果，或搭配青木瓜沙拉一起享用，別有一番風味。

快炒西芹油醋梅花豬肉片

在超市常見的梅花豬肉片裡加入甜椒、洋蔥,不僅可以吃到更多維生素、礦物質,蔬菜本身的滋味也能讓肉類變得更加鮮甜、多層次!快速熱炒一下,就是開胃下飯的料理,放進便當裡也完美。

烹調時間 15 分鐘

日常應用 快速料理、便當菜

保存方法 現做現吃

材料(4人份)

梅花豬肉火鍋片 … 500g
洋蔥 … 50g
紅甜椒 … 50g(約 1/2 顆)
黃甜椒 … 50g(約 1/2 顆)
西芹初榨橄欖油醋 … 100cc
→作法參考 P.047
冷壓初榨橄欖油 … 50cc

作法

1. 將洋蔥切絲,紅、黃甜椒切條。
2. 取用一個中式炒鍋,加入橄欖油、洋蔥絲,放在瓦斯爐上開大火,炒到香味飄出之後,再加入西芹初榨橄欖油醋。
3. 等到鍋內的油醋煮到沸騰之後,再把豬肉片以及紅、黃甜椒放入,炒到豬肉與蔬菜都軟熟,即可享用。

> **Chef's Tips**
> 肉類可以換成任何你喜歡的火鍋肉片。

CHAPTER ④ 高蛋白質的豐盛主菜

奶油味噌燉豬梅花

烹調時間 50 分鐘

日常應用 常備菜、便當菜

保存方法 冷藏 2～3 天 冷凍 2～3 週

這道菜結合了味噌、鮮奶油，還有大量的蔬菜提鮮，不僅煮一鍋就能攝取到豐富的營養，口味更是沒話說！豬肉一定要選擇梅花豬，燉煮起來才會軟嫩入味，加上蔬菜甘甜有口感、湯汁濃郁卻不膩，單吃或用來沾麵包、拌飯都讓人欲罷不能。

材料（8 人份）

- 梅花豬肉 … 600g（約 1 台斤）
- 去皮蒜頭 … 4 瓣（約 20g）
- 洋蔥 … 100g（約 1/2 顆）
- 西洋芹 … 1 支（約 100g）
- 竹筍 … 1 支（約 300g）
- 紅蘿蔔 … 1/2 條（約 150g）
- 鴻禧菇 … 1 包（約 120g）
- 蔥花 … 10g
- 味噌 … 80g
- 米酒 … 100cc
- 飲用水 … 1500cc
- 動物性鮮奶油 … 50cc
- 冷壓初榨橄欖油 … 適量

醃製調味料

- 米酒 … 100cc
- 鹽 … 1/4 大匙
- 黑胡椒碎 … 1/4 大匙

作法

1. 將梅花豬肉切塊。取用一個大碗，把豬肉與**醃製調味料**放進去，攪拌均勻，放在冰箱冷藏醃漬 12 小時。

2. 將洋蔥、西洋芹、竹筍、紅蘿蔔切塊。

3. 取用一個平底鍋，加入約 50cc 橄欖油，開中火加熱，等待油溫到達工作溫度（用木筷放入油鍋中測試，筷子前端冒泡泡的時候）後，放入醃製好的豬肉，將表面煎上色後即可取出備用。

4. 取一個大的中式炒鍋，放入約 30cc 的橄欖油以及蒜頭、洋蔥，放瓦斯爐上開大火，炒到香味飄出後，轉小火，加入味噌醬慢慢炒香，小心不要炒焦。

5. 小火炒到味噌醬香味飄出之後，放入煎好表面的豬肉拌炒後，迅速倒入米酒攪拌均勻。接著把西洋芹、竹筍、紅蘿蔔、鴻禧菇放入鍋中，並倒入飲用水，轉到大火等待沸騰之後，轉小火燉煮 40 分鐘。

6. 時間到後，確認豬肉變得軟嫩，就可以加入動物性鮮奶油，最後撒上蔥花即可享用。

Chef's Tips

梅花豬肉的切塊尺寸，大約是 50 元硬幣的大小，建議不要換成其他豬肉部位，因為梅花肉很適合燉煮，風味絕佳。

CHAPTER ④ 高蛋白質的豐盛主菜

番茄蔬菜多酚烤牛小排

現在的超市越來越容易買到好牛肉，但牛排最怕「煎太老」、「吃太油」。這道用蔬菜多酚醬來搭配，提升營養價值，也能保留牛肉的香與嫩，透過酸甜番茄味減少油膩感，是一種「聰明享受肉」的減醣選擇。從此你面對牛排，最大的問題就只有「太好吃」、「吃太多」！

烹調時間
15 分鐘

日常應用
快速料理
小家電

保存方法
現做現吃

■ 材料（4 人份）

無骨牛小排 … 600g（厚度大約 1.5cm）
番茄蔬菜多酚萬用醬 … 300g
→作法參考 P.052

■ 作法一〈烤〉

1. 先將烤箱預熱到 200℃。烤盤內放入牛小排，再淋上番茄蔬菜多酚萬用醬，然後放進烤箱中。

2. 用 200℃ 烤 3 分鐘，這時大約是五分熟（若是用氣炸鍋，調整成 180℃ 烤 3 分鐘）。若想要其他熟度，就拉長時間繼續烤。

■ 作法二〈煎〉

1. 在平底鍋中倒入大約 20cc 橄欖油（材料分量外），開大火加熱到油溫到達工作溫度後，放入牛小排。（圖 A、B）

2. 將一面煎約 1 分鐘至上色後，翻面，將另一面也煎 1 分鐘，此時約為三分熟。若想要其他熟度，就以 1 分鐘為基準反覆翻面煎。（圖 C）

Chef's Tips

- 不管哪一種牛排，在煎製的時候都要先確實冷藏解凍。從冷藏取出後，請放置於室溫 20 分鐘，等到牛排到達室溫的溫度，再去煎烤。
- 作法中的牛排熟度標準，只適用於厚度大約 1.5cm 的牛小排或各種牛排。
- 牛排熟度確認方式如下：

預熱至200℃的烤箱	達到工作溫度的平底鍋
＝>烤 3 分鐘 ＝ 五分熟	＝>兩面各煎 1 分鐘 ＝ 三分熟
烤 5 分鐘 ＝ 七分熟	兩面各煎 1 分鐘（重複 2 次）＝ 五分熟
烤 7 分鐘 ＝ 全熟	兩面各煎 1 分鐘（重複 3 次）＝ 七分熟

A 橄欖油加熱後，用木筷放入油鍋中測試，當筷子前端冒泡泡的時候，即表示到達工作溫度。

B 把大約 1.5cm 厚的牛小排，放入鍋中開始煎。

C 一面煎 1 分鐘後即翻面，煎到自己喜歡的熟度為止。

CHAPTER ④ 高蛋白質的豐盛主菜

翼板牛秋葵洋蔥捲

把燒烤牛肉片捲上秋葵與洋蔥,不但讓口感變得清爽有趣、熱量更低,還多了大量膳食纖維,有助於腸胃蠕動、消化。高蛋白與高纖維的完美配對,吃起來無負擔,又能提升飽足感。

烹調時間 **30 分鐘**	日常應用 **便當菜**	保存方法 **現做現吃**

材料（4 人份）

翼板牛燒烤片 … 300g
秋葵 … 200g（約 15～20 支）
紅洋蔥 … 100g（約 1/2 顆）

和風胡麻醬 … 50g →作法參考P.053
飲用水 … 50cc
冷壓初榨橄欖油 … 30cc

作法

1. 取用一個大湯鍋，放入約 2000cc 飲用水（材料分量外），放到瓦斯爐上加熱至沸騰後，把洗乾淨的秋葵放進去汆燙約 15 秒，再迅速取出冰鎮、瀝乾備用。

2. 把牛肉平鋪於生食砧板上，先擺上燙過的秋葵，再擺上切絲的洋蔥，然後用牛肉片把秋葵跟洋蔥絲一起捲起來。全部捲完之後放旁邊備用。（圖 A、B、C）

3. 取用一個大的平底鍋，倒入橄欖油，放到瓦斯爐上開大火，確認油溫到達工作溫度（用木筷放入油鍋中測試，筷子前端冒泡泡的時候）之後，將牛肉秋葵捲放進鍋子裡煎，煎製過程中需注意火侯控制。（圖 D、E）

4. 確定牛肉秋葵捲都定型之後，把和風胡麻醬、50cc 飲用水倒進鍋子中，蓋上鍋蓋燜燒大約 30 秒，即可享用。（圖 F）

Chef's Tips

- 翼板牛燒烤片也可以換成任何你喜歡的肉片，像是豬梅花或培根等，但是肉片必須是長條狀的，才能把蔬菜捲起來。
- 蔬菜也可以換成其他種類，例如山藥、紅蘿蔔等，請選擇耐熱的蔬菜。

A 將長條形的牛肉片鋪在砧板上。

B 在牛肉片上擺放洋蔥絲與秋葵。

C 將牛肉片包著蔬菜捲起來。

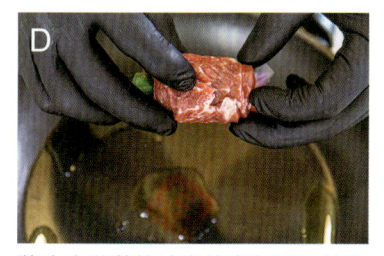

D 將牛肉秋葵捲的交接處朝下，放進鍋子裡。

E 先將牛肉捲的一面煎至金黃。

F 煎到定型後，加入醬汁與水燜煮。

CHAPTER ④ 高蛋白質的豐盛主菜

洋蔥黑啤酒燉牛肋條

你可能吃過紅酒燉牛肉，但你試過黑啤酒版本嗎？啤酒加熱後酒精揮發，留下的是麥芽香與濃郁感，能大幅提升料理的香氣層次，燉完的牛肋條則是軟嫩又多汁。牛肉除了可以提供蛋白質，也能夠補充到鐵質，以及牛磺酸等抗氧化胺基酸。這道菜用電鍋就能完成，即便是懶人也能做出媲美餐廳的深夜牛肉料理。

烹調時間 50 分鐘

日常應用 小家電、常備菜、便當菜

保存方法 冷藏 2～3 天、冷凍 2～3 週

材料（8 人份）

牛肋條 … 1 公斤
洋蔥 … 200g（約 1 顆）
去皮蒜頭 … 8 瓣（約 40g）
月桂葉 … 5 片
義大利綜合香料 … 1 大匙
黑胡椒碎 … 1/2 大匙
黑啤酒 … 1 瓶（約 330cc）
飲用水 … 1000cc

調味料

鹽 … 1 大匙
二號砂糖 … 1/2 大匙
黃芥末醬 … 1 大匙

作法

1. 將牛肉切大塊，洋蔥切塊備用。
2. 取用一個平底鍋，熱鍋後放入牛肉，將表面煎至上色後取出備用。
3. 取用一個炒鍋，依序放入蒜頭、洋蔥、月桂葉、義大利綜合香料、黑胡椒碎炒香。
4. 將步驟 2、3 的材料都放入電鍋內鍋，加入飲用水與黑啤酒，在外鍋倒入約 500cc 水（材料分量外），按下開關燉煮。
5. 燉煮完成後，加入**調味料**調味，即可享用。

CHAPTER ④ 高蛋白質的豐盛主菜

CHAPTER 5

EVERYDAY'S
MEDITERRANEAN
MEALS

在地中海飲食中，蔬菜永遠是主角！
我每餐都會有一半是蔬菜，
也時常在料理中添加各式各樣的蔬菜，
除了營養，植物性的鮮甜能夠讓味道更好，
繽紛的色彩也有「增色」的效果。
一起來認識更多蔬菜的美味吃法吧！

營養豐富的
蔬菜配菜

發揮天然蔬菜的力量，
找回體內的代謝平衡！

一般聽到「地中海飲食」的蔬菜，腦中多半浮現很多的生菜沙拉。生菜雖然是方便的選項，但我們亞洲人習慣吃熱食，餐餐冷菜不僅降低食慾，腸胃也容易感到不適！因此在這個章節中，馬可老師就要來教大家不同的蔬菜料理方式，有冷菜、熱菜，也可以做成豐富的蔬菜湯品，讓你依照自己的需求攝取大量的蔬菜！

（ 熱蔬菜 ）

蔬菜的好處就是營養多、味道好、熟得快，所以簡單熱炒、燜煮，或是活用氣炸鍋、烤箱，都能夠很快上桌。而且蔬菜加熱後的體積會縮小很多，讓你即使吃同樣的分量，也能夠攝取到更多的蔬菜！

（ 冷蔬菜 ）

忙碌的時候，生菜沙拉絕對是非常推薦的選擇。生菜沙拉有很多不同的作法，加入書中的萬用醬料拌一拌，不需要思考就能獲得一盆美味配菜。推薦大家在沙拉中加入豆腐、蝦仁等蛋白質食材，營養和飽足感都更加滿足！

（ 蔬菜湯品 ）

我很常攝取蔬菜的另一個方式，就是把大量的蔬菜煮成湯。這樣一來，就可以一次吃下很多不同的蔬菜，而且因為融合了蔬菜的鮮甜，湯品的風味和層次豐富，吃完都會產生一種沒有負擔又飽足的幸福感。

冷蔬菜

熱蔬菜

蔬菜湯品

CHAPTER ⑤ 營養豐富的蔬菜配菜

爐烤綜合野菇

本書提供了很多能夠「攝取大量蔬菜」的熱食料理，讓大家有不同選擇，可以在每天三餐中增加更多蔬菜量。像是台灣的菇類真的是多到選不完，杏鮑菇、鴻禧菇、秀珍菇、珊瑚菇……做這道菜時只要記得一件事，金針菇不要用，其他的菇類怎麼烤都好吃！

烹調時間
30 分鐘

日常應用
小家電、常備菜、便當菜

保存方法
冷藏 2～3 天

材料（2人份）

鮮香菇 … 300g
鴻禧菇 … 1 包（約120g）
美白菇 … 1 包（約120g）
初榨橄欖油葡萄醋醬 … 100cc
→作法參考 P.046
義大利綜合香料 … 1/2 大匙

作法

1. 香菇切片，鴻禧菇、美白菇去除底部後剝開。
2. 取用一個大調理盆，將所有材料放入並攪拌均勻。
3. 將烤箱（或氣炸鍋）預熱到180℃，在烤盤上鋪好烘焙紙或鋁箔紙，放入拌勻的菇類，烘烤15～20分鐘，即可擺盤享用。

Chef's Tips

- 這道菜不僅適合熱吃，冷卻之後，也能用來搭配任何沙拉或主菜享用。還可以延伸應用，做成無麩質松露野菇濃湯（P.177）。
- 菇類可自由替換成自己喜歡的菇，但不建議選用金針菇，因為它的出水率較高，會影響口感。

脆化羽衣甘藍

這道源自英國的小菜，將羽衣甘藍烤到邊邊捲曲微焦，脆得像洋芋片。對我來說就像是零食一樣，不僅作法健康，而且營養價值高。記得，烘烤前要確實擦乾，帶有水分的話，烤出來就會濕軟、沒那麼好吃囉。

烹調時間 15 分鐘

日常應用 快速料理／小家電／常備菜

保存方法 常溫 2～3 天

材料（2 人份）

羽衣甘藍 … 300g
黃檸檬香氛油醋 … 100cc →作法參考P.047

作法

1. 將羽衣甘藍洗乾淨之後，取下葉子的部分，用廚房紙巾擦到全乾。
2. 放進一個大調理盆，加入黃檸檬香氛油醋，攪拌均勻。
3. 將烤箱（或氣炸鍋）預熱到180℃，在烤盤上鋪好烘焙紙或鋁箔紙，放入羽衣甘藍，烘烤約 3 分鐘，確認羽衣甘藍脆化即可享用。

Chef's Tips

- 每家烤箱或氣炸鍋的功率不同，烘烤過程中務必注意烤的情況，請勿把羽衣甘藍烤到焦黑，稍微脆化即可。
- 烤後好放涼，如果沒有要立刻吃完，可裝進保鮮盒中密封保存，常溫可保存 3 天左右。

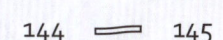

CHAPTER ⑤ 營養豐富的蔬菜配菜

義大利風味
櫛瓜麵

減醣時想吃麵該怎麼辦？這道就是你的救星！只要利用蔬菜削鉛筆機，把櫛瓜削成細長條，拌入香料與油醋醬，就像一盤剛煮好的義大利麵。櫛瓜不僅低醣、膳食纖維豐富，還含有維生素C、β-胡蘿蔔素等抗氧化的營養素，是提升代謝的優質食材，而且台灣現在也很好買，吃得快樂沒壓力！

烹調時間
15 分鐘

日常應用
快速料理、便當菜

保存方法
現做現吃

材料（2人份）

綠櫛瓜 … 150g
黃櫛瓜 … 150g
初榨橄欖油葡萄醋醬 … 100cc
→作法參考 P.046
義大利綜合香料 … 1/2 大匙

作法

1. 把綠、黃櫛瓜洗乾淨之後，用蔬菜削鉛筆機或水果削皮刀，削成細絲狀備用。

2. 取用一個平底鍋，先不開火，把初榨橄欖油葡萄醋醬、義大利綜合香料放進去，攪拌均勻。

3. 打開爐火加熱，當醬汁沸騰時放入櫛瓜絲，炒到軟化即可享用。

CHAPTER ⑤ 營養豐富的蔬菜配菜

146 — 147

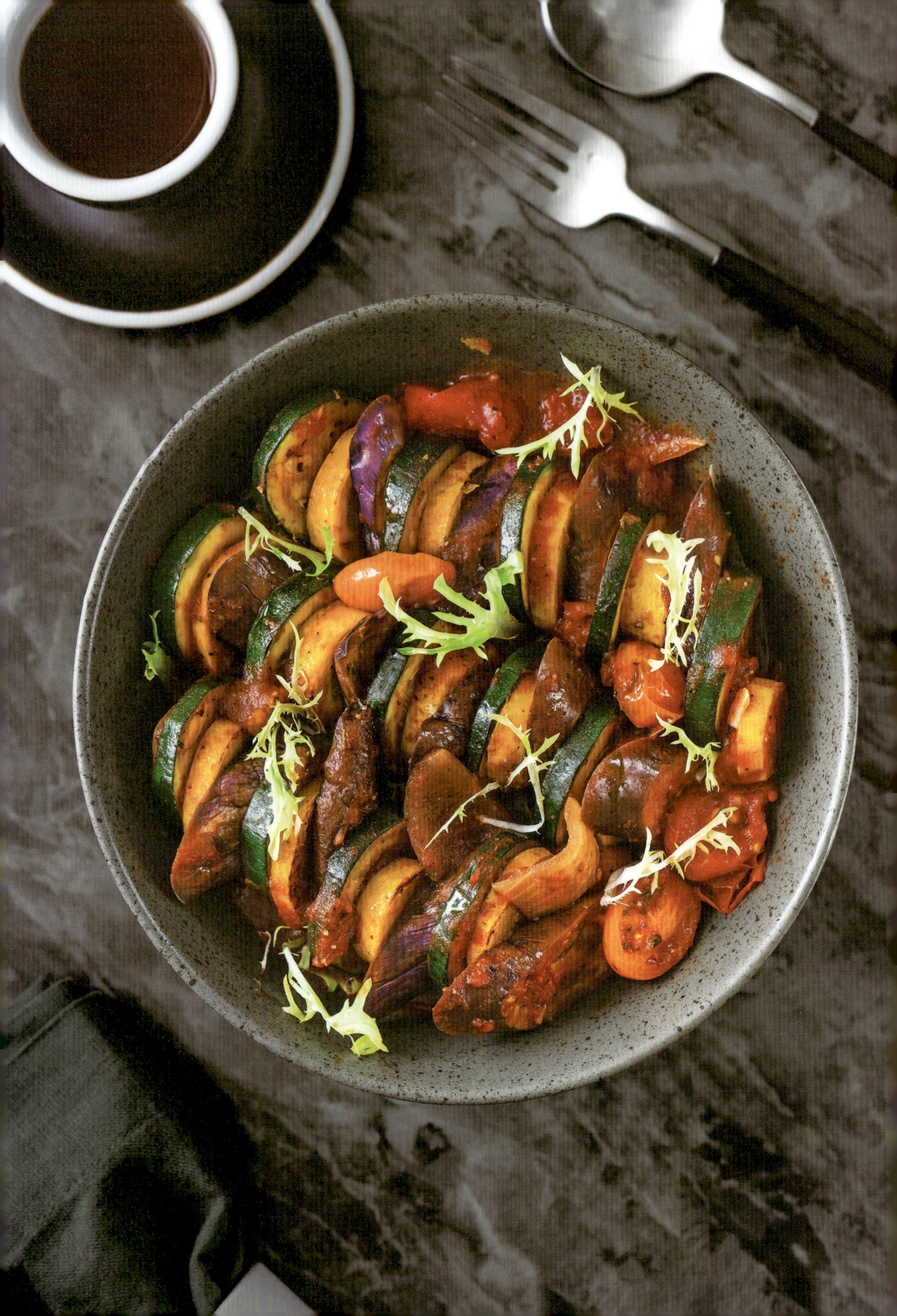

簡易版普羅旺斯燉菜

大家還記得電影《料理鼠王》裡的那鍋超美蔬菜盤嗎？在這裡，要教大家把那道菜換成「大家都做得出來」的簡易版！彩椒、茄子、櫛瓜、番茄慢燉出甜味，可以一次攝取到大量不同蔬菜的植化素、維生素、膳食纖維，營養味道都滿分！口味酸甜適中，一鍋吃光也不會覺得膩，超級推薦多煮一點，當成「週末做一鍋、加熱配蛋吃」的常備菜。

烹調時間：30 分鐘
日常應用：常備菜、便當菜
保存方法：冷藏 2～3 天

材料（4 人份）

- 綠櫛瓜 … 200g（約 1 條）
- 黃櫛瓜 … 200g（約 1 條）
- 茄子 … 150g（約 1/2 顆）
- 紅色小番茄 … 100g
- 黃色小番茄 … 100g
- 洋蔥 … 100g
- 去皮蒜頭 … 30g
- 番茄碎粒罐頭 … 400g
- 冷壓初榨橄欖油 … 80cc

調味料

- 白葡萄酒 … 50cc
- 義大利綜合香料 … 1/2 大匙
- 黑胡椒碎 … 1/3 大匙
- 二號砂糖 … 1/3 大匙
- 鹽 … 1/4 大匙

作法

1. 將綠黃櫛瓜、茄子都切厚片，紅黃小番茄切對半，洋蔥切片，蒜頭切碎。
2. 取用一個大平底鍋，先倒入 30cc 橄欖油，等待油溫到達工作溫度（用木筷放入油鍋中測試，筷子前端冒泡泡的時候）後，將蒜頭與所有蔬菜放進去拌炒均勻。
3. 鍋子中的蔬菜拌炒均勻後，倒入白葡萄酒與番茄碎粒罐頭，再加入其他調味料，充分拌炒均勻，等到沸騰時，轉小火燉煮約 8 分鐘。
4. 確認蔬菜都煮到軟熟後，再將蔬菜排好，淋上剩餘的橄欖油即可享用。

Chef's Tips

如果想要增加一些飽足感，可以在普羅旺斯燉菜中加入馬鈴薯。

CHAPTER 5 營養豐富的蔬菜配菜

蔥香胡椒油醋
烤玉米筍

烹調時間
15 分鐘

日常應用
快速料理
小家電
便當菜

保存方法
現做現吃

拜託，帶殼玉米筍買回來千萬別拿去汆燙了，直接放進烤箱烤吧！外殼烤得焦香，裡頭清甜又多汁，加上一點油醋醬提香，吃起來就像是在野外露營時的森林風味玉米筍，超療癒、超 Juicy！而且玉米筍的熱量低、營養價值高，含有鐵、鉀、維生素 A、維生素 C 等各種提升免疫系統、幫助代謝的元素。

▌材料（2人份）

帶殼玉米筍 … 10 支
蔥香胡椒橄欖油醋 … 100cc
→作法參考 P.046

▌作法

1. 將帶殼玉米筍洗乾淨之後，稍微把外殼往兩側剝開，露出中間的玉米筍。
2. 將玉米筍排列於鋪好烘焙紙或鋁箔紙的烤盤上，再把蔥香胡椒橄欖油醋均勻淋上去。
3. 將烤箱預熱到 180℃ 後，將玉米筍放入烘烤約 6 分鐘即可享用。

> **Chef's Tips**
>
> ○ 帶殼玉米筍的玉米鬚非常鮮嫩，而且含有營養，可以連同玉米筍一起食用。
> ○ 帶殼烘烤，甜味更能保留在玉米筍裡面，所以不需要把外殼去除，只要洗乾淨就好。

CHAPTER ⑤ 營養豐富的蔬菜配菜

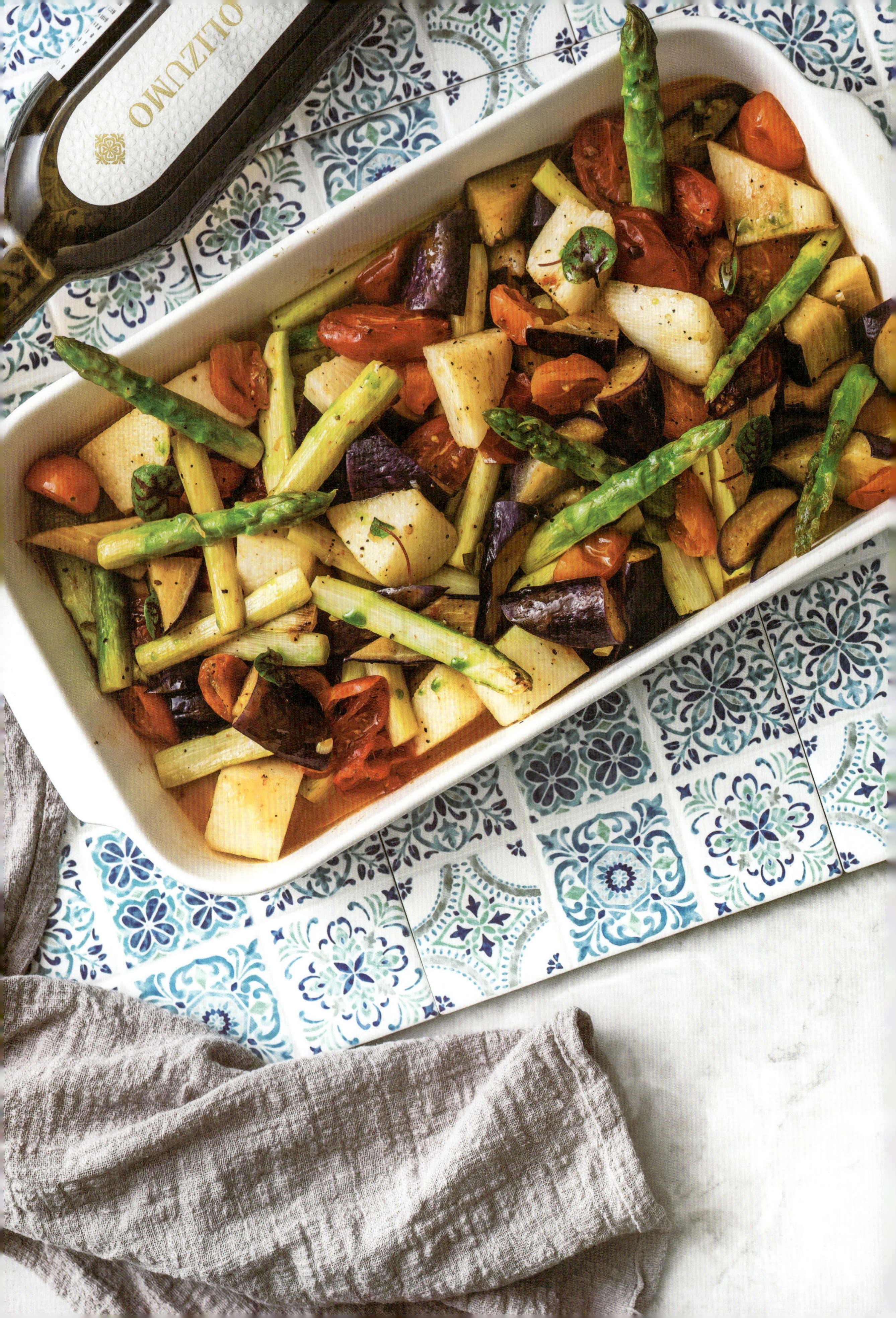
OLIZUMO

油醋燜燒綜合時蔬

- 烹調時間：15 分鐘
- 日常應用：快速料理、常備菜、便當菜
- 保存方法：冷藏 2～3 天

想要快速補進五顏六色的蔬菜，「燜燒」是個簡單又有效的作法！搭配帶有蔥香與胡椒香的靈魂油醋醬，香氣撲鼻、色彩繽紛，每一口都能吃到不一樣的味道與口感，是一鍋多菜的聰明料理。山藥屬於全穀雜糧類，但熱量比白米低，且富含水溶性膳食纖維，烤過之後鬆軟又略帶脆度，非常好吃！可以作為提升飽足感的優質澱粉，這餐就不用再吃飯了。

材料（4 人份）

- 紅色小番茄 ⋯ 10 顆
- 黃色小番茄 ⋯ 10 顆
- 茄子 ⋯ 150g（約 1/2 條）
- 蘆筍 ⋯ 150g
- 日本山藥 ⋯ 100g
- 蔥香胡椒橄欖油醋 ⋯ 200cc →作法參考 P.046

作法

1. 將所有蔬菜洗乾淨後，紅黃小番茄切對半，茄子與山藥切成差不多大小的塊狀，蘆筍切段。
2. 取用一個大碗，放入所有蔬菜以及蔥香胡椒橄欖油醋，攪拌均勻備用。
3. 取用一個大平底鍋，放在瓦斯爐上開大火不放油，等到鍋子熱時，將蔬菜全部倒入拌炒約 2 分鐘。
4. 拌炒均勻後，迅速蓋上鍋蓋燜燒約 2 分鐘，即可上桌享用。

Chef's Tips

蔬菜也可以換成玉米筍、櫛瓜等，葉菜類以外的蔬菜，但要依照熟的速度調整烹調時間。

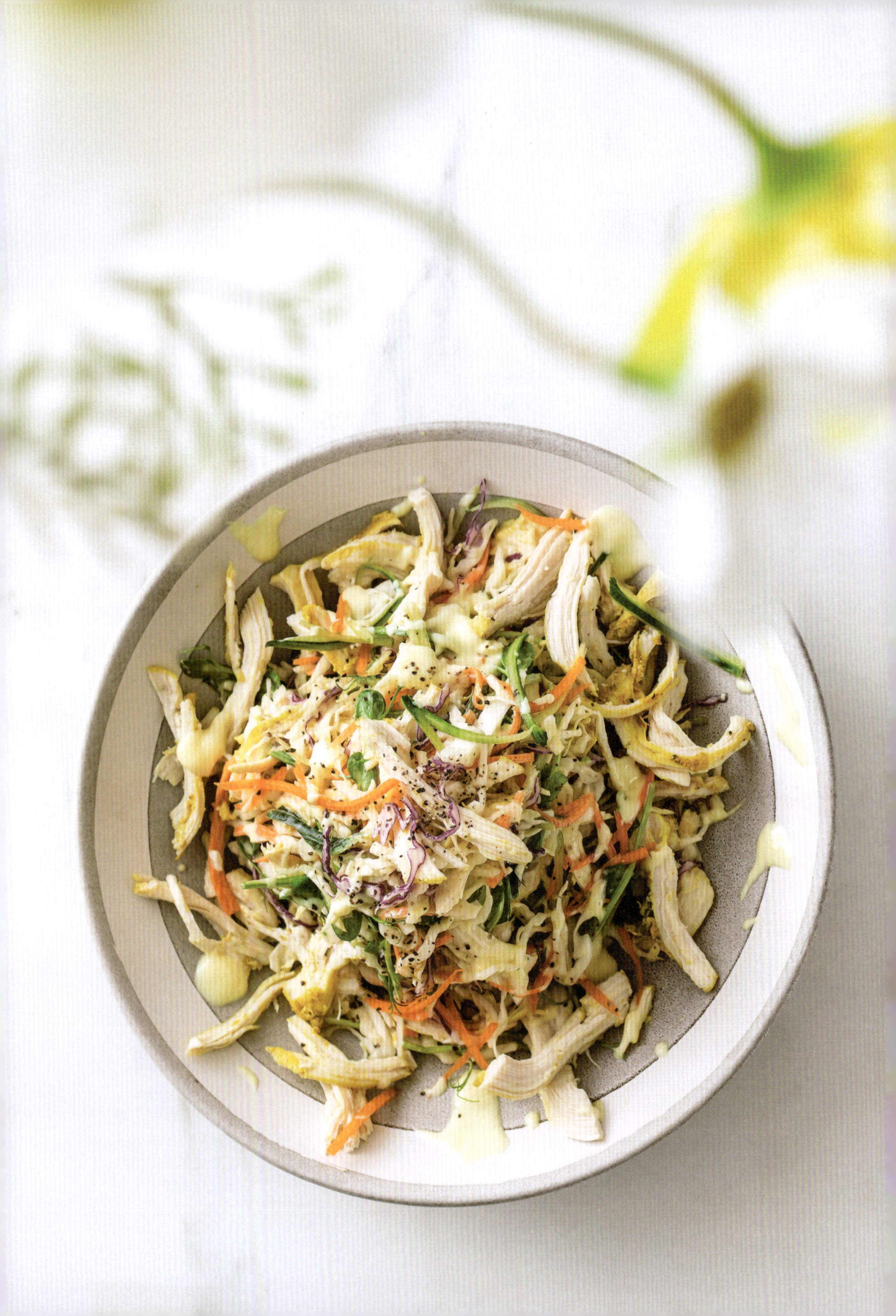

蔬菜絲薑黃雞胸優格沙拉

烹調時間
10 分鐘

日常應用
快速料理

保存方法
現做現吃

高麗菜、小黃瓜、紅蘿蔔等蔬菜絲搭配蜂蜜優格醬，酸香爽口，不只健康，連口感都超清新。再加上具備抗發炎作用的薑黃雞胸肉絲，增添蛋白質與飽足感。這道料理如果先備好雞胸肉，可以加速製程，很適合當成早餐吃，而且吃完身體一整天都輕盈，活力滿滿。

材料（2人份）

高麗菜 … 150g
紫高麗菜 … 50g
小豆苗 … 30g
小黃瓜 … 50g（約 1/2 條）
紅蘿蔔 … 50g（約 1/3 條）
小番茄 … 50g（約 10 顆）
薑黃嫩雞胸 … 300g（約 1 片）
→作法參考 P.116
簡單蜂蜜優格醬 … 60g
→作法參考 P.049

作法

1. 將所有生菜洗乾淨後，高麗菜、紫高麗菜、小黃瓜、紅蘿蔔皆切絲，小番茄對半切。用蔬菜脫水器把生菜脫水瀝乾（如果沒有蔬菜脫水器，請確實瀝乾水分）。
2. 把薑黃嫩雞胸用手撕成絲狀。
3. 取用一個大調理盆，放入所有生菜、雞肉絲、簡單蜂蜜優格醬，混合均勻後即可享用。

> **Chef's Tips**
> 沙拉醬汁先以 4 大匙為主，如果覺得醬汁不夠，可再酌量增加。

CHAPTER ⑤ 營養豐富的蔬菜配菜

櫛瓜緞帶海蝦沙拉

橘色、綠色和黃色的蔬菜中，都含有不同顏色的植化素，具有提升免疫力、抗氧化、降低心血管疾病等不同健康作用。把櫛瓜削成薄薄緞帶，不只口感特別，還能吸附炭火甜椒醬的甜香，搭配Q彈蝦肉，顛覆你對沙拉的所有印象。這是一道視覺與味覺的雙重驚喜，是約會餐桌上能端得上檯面的高顏值料理。

烹調時間 15 分鐘
日常應用 快速料理
保存方法 現做現吃

材料（2人份）

綠櫛瓜 … 100g
黃櫛瓜 … 100g
紅蘿蔔 … 100g

蝦仁 … 150g（約 15 隻）
炭火甜椒醬 … 60g →作法參考P.052

作法

1. 將綠櫛瓜、黃櫛瓜、紅蘿蔔洗乾淨之後，用水果削皮刀削成薄片備用。
2. 先準備一盆冰塊水，並取用一個湯鍋放入 1000cc 飲用水（材料分量外）之後煮到沸騰，將蔬菜薄片放進去汆燙大約 1 分鐘，然後迅速撈出、泡在冰塊水中冰鎮，再取出瀝乾（或用廚房紙巾擦乾）。
3. 趁湯鍋的水還在沸騰時，將蝦仁放入汆燙大約 2 分鐘，熟透之後立刻取出，一樣用冰塊水迅速冰鎮。
4. 取用一個平盤，鋪上蔬菜薄片，再放上蝦仁，最後淋上炭火甜椒醬，食用時拌勻即可。

營養豐富的蔬菜配菜

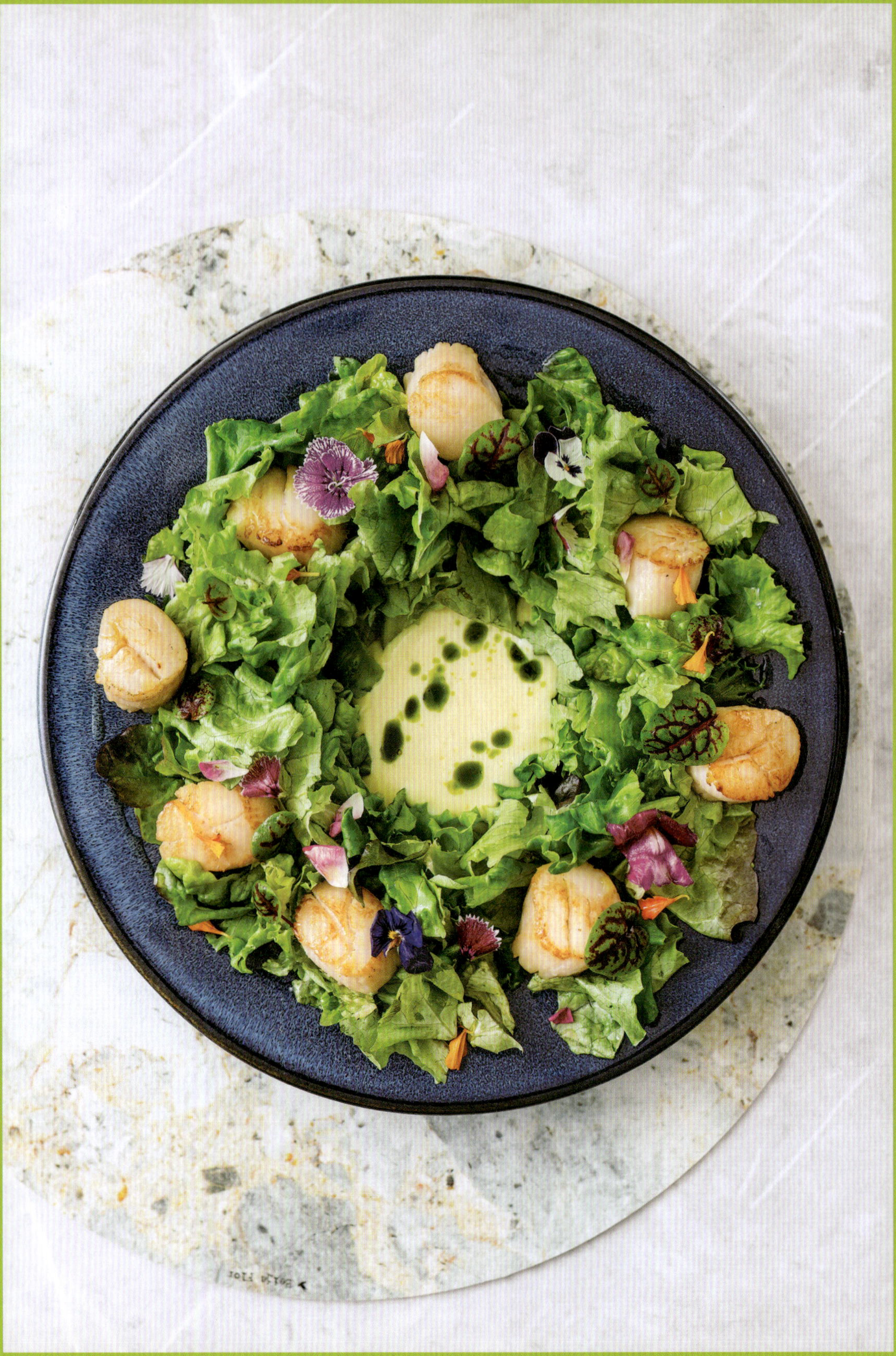

白酒燜煎干貝花園沙拉

想試著在家做點儀式感的沙拉嗎？就從這道開始吧！干貝用白酒燜香、煎至金黃上色，再搭配各種季節生菜一起擺盤，瞬間變身為馬可私廚風的美麗沙拉，用來招待朋友，肯定讓人讚不絕口，約會也保證加分。

烹調時間 15 分鐘

日常應用 快速料理

保存方法 現做現吃

材料（2 人份）

美生菜 … 100g
紅西洋生菜 … 50g
綠捲鬚生菜 … 30g
干貝 … 8 顆
食用花、紅酸模 … 少許
簡單蜂蜜優格醬 … 60g
→作法參考 P.049

白葡萄酒 … 100cc
冷壓初榨橄欖油 … 少許
翠綠冰滴橄欖油 … 少許
→作法參考 P.055

作法

1. 先將冷凍的干貝沖水、退冰之後擦乾。

2. 取用一個平底鍋，放入少許橄欖油，開中火加熱，確認鍋子熱度上來之後，放入干貝煎到香味飄出，不要翻動干貝靜置 1 分鐘，然後迅速將白葡萄酒倒入鍋中並蓋上鍋蓋，燜燒大約 1 分鐘後取出，放涼備用。

3. 將所有生菜洗乾淨後，用蔬菜脫水器把生菜脫水瀝乾（如果沒有蔬菜脫水器，請確實瀝乾水分）。

4. 取用一個圓盤，準備一個慕斯圈放到盤子中間，將生菜圍繞著慕斯圈擺成一個花圈狀，再將干貝、食用花和紅酸模放在生菜圈上。

5. 在慕斯圈中間放入簡單蜂蜜優格醬後，移開慕斯圈。最後再淋一些翠綠冰滴橄欖油（可省略），即可享用。

CHAPTER ⑤ 營養豐富的蔬菜配菜

雞胸蔬菜滿罐沙拉

這可不是超商沙拉,而是你自己裝滿的沙拉罐!多層次蔬菜與軟嫩雞胸,淋上紅黃彩椒油醋,帶去上班或露營都健康、好吃又方便。如果想要一併攝取澱粉,還可以加入煮熟的義大利麵。罐裝沙拉最重要的關鍵,除了食材搭配,堆疊的順序也很重要,這樣放到隔天才能維持菜清脆、肉入味,從冰箱拿出來就能直接吃,滿足又不怕膩。

烹調時間	日常應用	保存方法
15 分鐘	**快速料理、便當菜**	**冷藏 3 天**

■ 材料（2人份）

美生菜 … 100g
紅西洋生菜 … 50g
綠捲鬚生菜 … 30g
小黃瓜 … 50g
小番茄 … 30g

任一口味嫩雞胸 … 300g（約1片）
→作法參考 P.116
紅黃彩椒多酚油醋 … 120cc
→作法參考P.047

■ 作法

1. 所有生菜洗淨後瀝乾水分備用。小黃瓜切塊，小番茄對切，雞胸肉切片。

2. 取用兩個容量700cc左右的玻璃罐，用沸騰的開水燙過、消毒之後放涼備用。

3. 將所有材料的分量分成兩半後，按照「油醋醬→雞肉→生菜→小番茄→小黃瓜」的順序，逐一放入玻璃罐中。（圖A～E）

4. 沙拉罐製作完成後，可放冰箱冷藏，保存時間約3天。要享用的時候，將玻璃罐整個倒放，讓醬汁徹底滲透總共五層的材料，然後拿起來搖晃均勻即可。

A ：第一層：紅黃彩椒多酚油醋

B ：第二層：雞胸肉

C ：第三層：生菜沙拉葉（生菜沒有順序之分）

D ：第四層：小番茄

E ：第五層：小黃瓜

Chef's Tips

- 如果想增加飽足感，可以在第二層跟第三層的中間，放入大約100g煮好的義大利麵。
- 醬汁可依喜好變換，只要是油醋醬類都合適，例如黃檸檬香氛油醋、蔥香胡椒橄欖油醋等（參考P.046～047）。

CHAPTER ⑤ 營養豐富的蔬菜配菜

金針菇醬拌櫛瓜中卷麵沙拉

櫛瓜煎煮炒炸烤都很好吃，現在台灣也可以輕易買到，很推薦大家多吃。在蔬菜中加入優質蛋白的中卷，增添鮮味以及彈牙口感，再簡單以萬能金針菇醬調味，一盤營養超級豐富的蔬菜料理就完成了！而且不用特地到日本超市買罐裝金針菇醬，也能享用到專業級涼拌風味！

烹調時間 15 分鐘

日常應用 快速料理

保存方法 現做現吃

材料（2 人份）

綠櫛瓜 … 100g（約 1/2 條）
黃櫛瓜 … 100g（約 1/2 條）
中卷 … 200g
萬能金針菇醬 … 60g →作法參考P.050

作法

1. 將綠、黃櫛瓜洗乾淨之後，用蔬菜削鉛筆機或水果削皮刀，削成細絲狀。中卷切絲備用。
2. 先準備一盆冰塊水，取用一個湯鍋放入1000cc的水（材料分量外）煮到沸騰之後，放入中卷汆燙 30 秒，緊接著將兩種櫛瓜絲放進去汆燙 30 秒，然後迅速撈出、泡在冰塊水中冰鎮降溫。
3. 將泡在冰塊水中的所有材料撈出之後，平鋪於砧板上，用廚房紙巾擦乾水分。
4. 在一個大調理盆中，放入櫛瓜絲、中卷、萬能金針菇醬，攪拌均勻即可享用。

CHAPTER ⑤ 營養豐富的蔬菜配菜

鮪魚蛋碎
雙色花椰菜沙拉

烹調時間 15 分鐘

日常應用 快速料理／常備菜／便當菜

保存方法 冷藏 2～3 天

材料簡單、營養完整，這道沙拉是冰箱常備的好朋友！雙色花椰菜可以補充纖維，搭配富含Omega-3脂肪酸與蛋白質的鮪魚，以及水煮蛋，三大營養主角一次到位。除了煮完現吃，當成便當菜也很合適。

材料（4人份）

- 綠花椰菜 … 300g
- 白花椰菜 … 300g
- 紫洋蔥 … 50g
- 水煮蛋 … 2 顆
  →作法參考 P.070
- 水煮鮪魚罐頭 … 小的 1 罐（約150g）
- 簡單蜂蜜優格醬 … 60g
  →作法參考 P.049
- 鹽 … 1/4 小匙
- 黑胡椒碎 … 1/4 小匙

作法

1. 將綠、白花椰菜切成小朵，紫洋蔥切絲，水煮蛋搗碎備用。
2. 先準備一盆冰塊水，取一個大湯鍋放入 2000cc 的水（材料分量外）煮到沸騰之後，將花椰菜放進去汆燙 30 秒，迅速撈出之後放到冰塊水中冰鎮。並且把紫洋蔥一起放進冰塊水中冰鎮。
3. 接著將冰鎮好的兩種花椰菜跟洋蔥撈出、確實瀝乾水分。
4. 取用一個大調理盆，將所有材料放進去攪拌均勻，即可擺盤享用。

Chef's Tips

如果想要提升飽足感或增添口感，可以再加入 2 大匙的水煮藜麥（參考P.188）。

CHAPTER

營養豐富的蔬菜配菜

164 — 165

泰泰芭樂
大薄片沙拉

烹調時間
15 分鐘

日常應用
快速料理

保存方法
現做現吃

泰式沙拉一定要用青木瓜嗎？台灣芭樂削成薄片，一樣脆爽帶甜，再加上泰式風味酸辣醬拌一拌，立刻變身「泰味十足」的新鮮組合。芭樂雖然不是蔬菜，但熱量低、醣度低，還曾經被農委會評比為「抗氧化最佳水果」，是非常適合多多攝取的水果。這道沙拉吃起來又辣又過癮，是夏天時絕佳的消暑神器！

材料（2 人份）

芭樂 … 1 顆
紫洋蔥 … 50g
紅蘿蔔 … 50g
小番茄 … 30g（約 5 顆）
梅花豬肉火鍋片 … 100g
香菜 … 10g
綜合堅果 … 2 大匙
泰泰愛吃酸辣醬 … 50g
→作法參考 P.051

作法

1. 將芭樂外皮洗乾淨之後對切去籽，然後用水果削皮刀削成薄片。紫洋蔥與紅蘿蔔切細絲，小番茄對切。綜合堅果敲碎。

2. 取用一盆冰塊水，將芭樂薄片、紫洋蔥絲、紅蘿蔔絲一起放入冰塊水中，冰鎮大約 1 分鐘，變得脆口之後即可撈起、瀝乾備用。

3. 取用一個小湯鍋，放入 1000cc 的水（材料分量外）煮到沸騰之後，將豬肉片放進去燙熟，即可撈出備用。

4. 取用一個調理盆，將所有材料放進去之後攪拌均勻，即可擺盤享用。

CHAPTER ⑤ 營養豐富的蔬菜配菜

京都水菜小魚豆腐沙拉

日式沙拉首選來了！京都水菜清脆、豆腐滑嫩，小魚乾增添鹹香與鈣質，搭配胡麻醬後風味更提升。如果你吃膩了西式生菜沙拉，這道料理真的要筆記下來喔。

烹調時間
10 分鐘

日常應用
快速料理

保存方法
現做現吃

材料（2人份）

京都水菜 … 200g
板豆腐 … 200g
魩仔魚 … 100g
和風胡麻醬 … 50g
→作法參考 P.053

作法

1. 將京都水菜洗淨瀝乾後，切成大約 5cm 的長度。板豆腐切小丁。
2. 取用一個小湯鍋，放入 1000cc 的水（材料分量外）煮到沸騰之後，將豆腐、魩仔魚放進去一起汆燙 30 秒，然後取出瀝乾備用。
3. 取用一個調理盆，將所有材料放入之後攪拌均勻，即可擺盤享用。

Chef's Tips

京都水菜的口感嫩脆，帶有一股清香，與胡麻醬非常搭配。但如果沒有水菜，也可以替換成其他生菜。

雙色高麗菜黃檸檬沙拉

這道是我偷偷將愛吃的美式沙拉做成進化版。紅白高麗菜切細絲，搭配黃檸檬香氛油醋醬，酸香脆爽，吃起來清新又解膩，是烤肉、漢堡、便當的超搭配菜色。

烹調時間 10 分鐘

日常應用 快速料理 便當菜

保存方法 現做現吃

材料（4 人份）

高麗菜 … 300g
紫高麗菜 … 50g
紅蘿蔔 … 30g
黃檸檬香氛油醋 … 50cc
→作法參考 P.047

作法

1. 高麗菜、紫高麗菜、紅蘿蔔都切成絲狀。
2. 取用一盆冰塊水，將切好的蔬菜放進去冰鎮大約 2 分鐘之後，撈出瀝乾，再用蔬菜脫水器脫乾水分備用（如果沒有蔬菜脫水器，請確實瀝乾水分）。
3. 取用一個大調理盆，將所有材料放進去之後攪拌均勻，即可擺盤享用。

Chef's Tips

擺盤時可以利用綠色的小豆苗、黃檸檬皮屑點綴，增添色彩與香氣。

CHAPTER ⑤ 營養豐富的蔬菜配菜

減醣馬可巫婆湯

這道靈感來自義大利蔬菜湯,但我加了東方常見的牛蒡,喝起來既熟悉又新鮮。滿滿蔬菜纖維,湯頭溫潤又有層次。蔬菜也可以自由替換成任何你喜歡的根莖蔬菜類,但以適合燉煮的為主,葉菜類就不太合適。如果當餐有剩,隔天早上加入熟燕麥,馬上變身成營養早餐湯,CP值超高!

烹調時間 30 分鐘

日常應用 常備菜

保存方法 冷藏 2～3 天 冷凍 2～3 週

■ 材料（4 人份）

去皮蒜頭 … 20g（約 4 瓣）
洋蔥 … 100g（約 1/2 顆）
西洋芹 … 200g（約 2 支）
紅蘿蔔 … 150g（約 1/2 條）
牛番茄 … 200g（2 顆）
牛蒡 … 100g
高麗菜 … 600g（約 1/4 顆）

調味料

冷壓初榨橄欖油 … 適量
白葡萄酒 … 50cc
雞高湯 … 1200cc
→作法參考 P.182
鹽 … 1/2 大匙
二號砂糖 … 1/2 大匙
黑胡椒碎 … 1/2 大匙
義大利綜合香料 … 1 大匙

■ 作法

1. 將所有蔬菜洗淨後都切丁,蒜頭切碎。
2. 取用一個大湯鍋,加入大約 30cc 的橄欖油,放在瓦斯爐上開大火,等待油溫到達工作溫度（用木筷放入油鍋中測試,筷子前端冒泡泡的時候）後,按照食材表的順序,將蒜頭與其他六種蔬菜放入湯鍋中炒香。
3. 鍋中材料炒香後,加入白葡萄酒稍微拌炒均勻,接著加入雞高湯並轉到大火,等到沸騰之後,轉小火燉煮大約 20 分鐘,就可以加入剩餘的其他調味料,最後淋上些許橄欖油即可享用。

早餐燕麥湯

烹調時間
10 分鐘

日常應用
快速料理

保存方法
現做現吃

■ 材料（1人份）

減醣馬可巫婆湯 … 300g（大約 1 大碗）
任何你喜歡的燕麥片 … 2 大匙
冷壓初榨橄欖油 … 少許

■ 作法

先取用一個小鍋，把減醣馬可巫婆湯加入鍋中，加熱到沸騰後馬上關火，將燕麥片加進去浸泡大約 2 分鐘，最後淋上些許橄欖油即可享用。

Chef's Tips

燕麥片也可換成水煮蕎麥或藜麥來增加飽足感。

白洋蔥
茭白筍濃湯

烹調時間 30 分鐘

日常應用 常備菜

保存方法 冷藏 2～3 天

台灣在地茭白筍搭配甜洋蔥一起打成濃湯，喝起來滑順香甜，有一點法式的優雅，又不失台式的親切，是我每年在茭白筍盛產季節都會做的私房湯。學會這一道，茭白筍不再只能清炒囉！加入日本山藥一起煮，不用麵粉或勾芡也有綿密口感，營養價值再提升。

■ 材料（4 人份）

白洋蔥 … 100g（約 1/2 顆）
茭白筍 … 600g（約 6 條）
日本山藥 … 200g
牛奶 … 200cc
雞高湯或水 … 1000cc
→作法參考 P.182
冷壓初榨橄欖油 … 50cc
鹽 … 1/4 大匙
黑胡椒碎 … 1/4 大匙

■ 作法

1. 白洋蔥切絲，茭白筍去皮切薄片，山藥去皮切薄片。

2. 取用一個深湯鍋，倒入橄欖油之後，將洋蔥、山藥、茭白筍放進去，開大火炒香炒軟。

3. 接著放入牛奶與雞高湯，加熱至沸騰後關火。

4. 用手持式調理棒把鍋中的材料充分打勻後，再次煮到沸騰，最後加入鹽、黑胡椒調味即可享用。

Chef's Tips

湯也可以用果汁機打勻，將步驟 2 的蔬菜炒香後，與其他材料一起放進果汁機攪打均勻，再倒至湯鍋中煮到沸騰即可。

CHAPTER ⑤ 營養豐富的蔬菜配菜

紅蘿蔔堅果湯

紅蘿蔔拿來煮湯，你可能會害怕土味太重，那就試試看加入一點喜歡的堅果，整體香氣就會立刻拉高。喝起來綿密滑順，還有堅果油脂的自然甘香，是小孩與大人都會愛的一道「橘色能量湯」。

烹調時間
30 分鐘

日常應用
常備菜

保存方法
冷藏 2～3 天

材料（4 人份）

紅蘿蔔 ⋯ 500g
堅果 ⋯ 3 大匙
牛奶 ⋯ 400cc
雞高湯或水 ⋯ 1000cc
→作法參考 P.182
鹽 ⋯ 1/4 大匙
黑胡椒碎 ⋯ 1/4 大匙
冷壓初榨橄欖油 ⋯ 少許

作法

1. 將紅蘿蔔去皮後切塊，用電鍋蒸熟或水煮到軟熟之後，瀝乾水分。（可以前一天備製起來放冰箱冷藏備用。）

2. 取一個深湯鍋，將雞高湯、牛奶還有煮好的紅蘿蔔放進去，放在瓦斯爐上加熱至沸騰後，關火。

3. 用手持式調理棒把鍋中的材料充分打勻後，加入鹽、黑胡椒調味，最後淋上橄欖油即可享用。

Chef's Tips

- 堅果可以挑選任何你喜歡的種類，但請不要使用調味過的口味，盡量以原味為主。
- 除了利用手持式調理棒將湯打勻之外，也可以用果汁機，但是請慢慢操作，因為湯汁是沸騰的，請務必注意安全。

CHAPTER ⑤ 營養豐富的蔬菜配菜

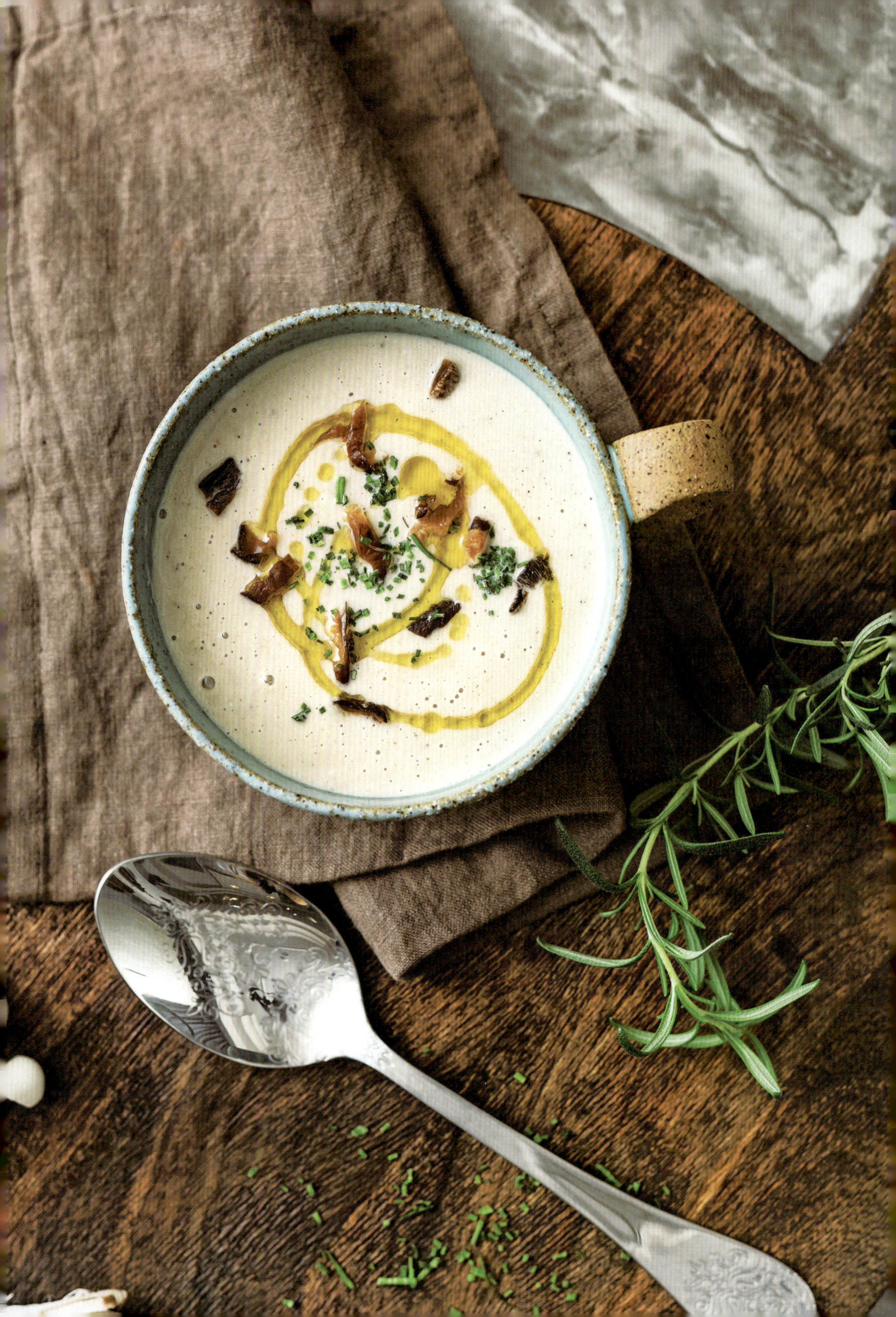

無麩質松露野菇濃湯

烹調時間 **30 分鐘**

日常應用 **常備菜**

保存方法 **冷藏 2～3 天**

這碗湯足以證明，不用麵粉也能做出高級感濃湯！祕密武器就在於山藥搭配松露醬與各式野菇。菇類中不僅含有抗癌、提升免疫力的多醣體，而且它的香氣迷人、口感濃厚，還低醣且低熱量。想要打造奢華感晚餐時，這道湯肯定是首選！

材料（4 人份）

各種生鮮菇類 … 600g
白洋蔥 … 100g（約 1/2 顆）
日本山藥 … 200g
牛奶 … 200cc
雞高湯或水 … 1000cc
→作法參考 P.182
松露醬 … 2 大匙
冷壓初榨橄欖油 … 50cc
鹽 … 1/4 大匙
黑胡椒碎 … 1/4 大匙

作法

1. 將白洋蔥切絲，山藥去皮切薄片，菇類按照選用的種類處理、切塊。
2. 取用一個深湯鍋，倒入橄欖油之後，將洋蔥、山藥、菇類放進去，開大火炒香炒軟。
3. 接著放入牛奶、雞高湯與松露醬，加熱至沸騰後關火。
4. 用手持式調理棒把鍋中的材料充分打勻後，再次煮到沸騰，最後加入鹽、黑胡椒調味即可享用。

Chef's Tips

- 湯也可以用果汁機打勻，將步驟 2 的材料炒香之後，與其他材料一起放進果汁機攪打均勻，再倒至湯鍋中煮到沸騰即可。
- 大部分菇類都適合使用，但記得別用金針菇。

高纖芥蘭菜濃湯

芥蘭菜是高鈣蔬菜的首選！但提到芥蘭菜，腦海中浮現的只有炒牛肉嗎？試試看不需咀嚼、喝的芥蘭吧！這道湯不會讓你感受到芥藍苦味，還可以在不知不覺中攝取到大量葉綠素與纖維質。將所有材料打成濃湯後，淋上一點點橄欖油，清爽不苦澀，早餐喝一碗，腸道超順暢。

- 烹調時間 30 分鐘
- 日常應用 常備菜
- 保存方法 冷藏 2～3 天

材料（4 人份）

- 芥蘭菜 … 600g
- 白洋蔥 … 100g（約 1/2 顆）
- 日本山藥 … 200g
- 牛奶 … 200cc
- 雞高湯或水 … 1000cc
  →作法參考 P.182
- 冷壓初榨橄欖油 … 50cc
- 鹽 … 1/4 大匙
- 黑胡椒碎 … 1/4 大匙

作法

1. 將白洋蔥切絲，山藥去皮切薄片。
2. 取用一個大湯鍋，將洗乾淨的芥蘭菜放進去汆燙大約 1 分鐘之後，迅速取出並放入冰塊水中冰鎮，冰鎮後擰乾水分，再切成小段備用。
3. 取用一個深湯鍋，倒入橄欖油之後，將洋蔥、山藥放進去，開大火炒香炒軟。
4. 接著放入牛奶與雞高湯，加熱至沸騰後關火，放入冰鎮後的芥蘭菜。
5. 用手持式調理棒把鍋中的材料充分打勻後，再次煮到沸騰，最後加入鹽、黑胡椒調味即可享用。

Chef's Tips

- 芥蘭菜一定要先汆燙、冰鎮再使用，千萬不要直接下鍋一起炒，以免葉綠素流失，如此一來就無法呈現出這道湯品的翠綠色澤。
- 使用果汁機攪打會更均勻，但因為湯汁是沸騰的，請小心操作，以免燙傷。

CHAPTER ⑤ 營養豐富的蔬菜配菜

白花椰菜
紅藜麥濃湯

烹調時間 30 分鐘

日常應用 常備菜

保存方法 冷藏 2～3 天

白花椰菜的熱量低，含有大量抗氧化的維生素C，經常被視為米飯的替代品，在有減醣、減重或健身需求的人之間特別受歡迎。而除了用來炒，煮湯也是一個很棒的選擇。再搭配一些藜麥，蛋白質與纖維質同時升級，喝起來香濃飽足又有口感，特別適合當成低醣晚餐的湯品。

▌材料（4 人份）

白花椰菜 … 1000g
洋蔥 … 200g（約 1 顆）
水煮紅藜麥 … 2 大匙
→作法參考 P.188
牛奶 … 400cc
雞高湯或水 … 1000cc
→作法參考 P.182
冷壓初榨橄欖油 … 適量
鹽 … 1/4 大匙
黑胡椒碎 … 1/4 大匙

▌作法

1. 將白花椰菜分切成小朵，洋蔥切絲。

2. 先取用一個平底鍋，倒入 1 小匙橄欖油之後，將洋蔥放進去，開大火炒香，接著也將白花椰菜放入鍋中一起炒至軟熟，起鍋備用（也可以前一天備製起來，放冰箱冷藏備用）。

3. 取用一個深湯鍋，將雞高湯、牛奶還有炒好的白花椰菜與洋蔥都放進去之後，放在瓦斯爐上加熱，沸騰後關火。

4. 用手持式調理棒把鍋中的材料充分打勻後，加入鹽、黑胡椒，並放上水煮藜麥，最後淋上些許橄欖油即可享用。

Chef's Tips

- 白花椰菜可以切小朵一點，能夠縮短炒製到熟軟的時間。
- 湯也可以用果汁機打勻，但是請慢慢操作，因為湯汁是沸騰的，請務必注意安全。

CHAPTER ⑤ 營養豐富的蔬菜配菜

180 181

COLUMN

基礎雞高湯

雞高湯是讓湯品滋味更豐富的神隊友。雖然購買市售品很方便，但其實自己做雞高湯一點也不難，一次煮大鍋後分裝，冷凍保存在冰箱，需要時取出就能用，非常方便。

材料（方便製作的量）

雞骨架（或雞腿骨）… 1kg
洋蔥 … 300g（約 1 顆）
西洋芹 … 150g（約 1 支）
紅蘿蔔 … 150g（約 1 條）
飲用水 … 5000cc

作法

1. 將雞骨架（或雞腿骨）用滾水汆燙 1 分鐘，再用冷水洗淨後，放入一個深湯鍋中。（圖 A）
2. 洋蔥、西洋芹、紅蘿蔔洗淨後，不去皮也不用切，一同放入深湯鍋中，再倒入飲用水。（圖 B）
3. 開火煮至水大滾後，轉小火熬煮 2 小時，過濾出汁液即為雞高湯。

A
雞骨架先用滾水汆燙，去除血水，可減少腥味或雜味。

B
蔬菜不去皮也不分切，直接放入鍋中慢慢熬煮。

CHAPTER

6

EVERYDAY'S
MEDITERRANEAN
MEALS

很多人一聽到「減醣」，就以為完全不能吃澱粉，
但事實上，澱粉是我們日常活動不可或缺的能量來源，
如果攝取不足，連促進新陳代謝的能量都不夠。
地中海飲食強調的是「吃對食物」，澱粉也是一樣，
挑選對的澱粉──例如全穀雜糧、地瓜、豆類等，
搭配「321黃金比例」，餐餐吃得滿足又健康！

健康高纖的
澱粉主食

吃好澱粉，補好活力，
為身體提供充足能量！

如果要用一句話來形容我的地中海料理原則，那就是：「簡單、自然、開心吃」。正因為有這樣的彈性，我在過去十年裡從未放棄健康的飲食，反而越走越順，身體也慢慢累積了良好的飲食習慣。澱粉也是同樣的道理：如果每餐都是麵包、麵食、甜點，精緻澱粉吃到飽，身體當然會吃不消。但只要改選五穀雜糧、根莖蔬菜等天然澱粉食材，不僅能維持人體正常運作，當中的營養素也對健康很有幫助。

澱粉食材通常需要花比較多時間烹調，但好處是可以保存較久，很適合常備在冰箱，隨時都能快速上菜。接下來，就來和大家分享馬可老師的「超方便澱粉料理」吧！

（ 米麥雜糧類 ）

米麥雜糧類食材我會盡量選擇精緻度較低的，例如糙米、藜麥、黑米、燕麥等，趁空檔煮好、分裝成小分量冷凍，吃之前直接加熱解凍、加工做成其他料理或帶便當都很方便。

（ 高纖炒飯 ）

沒有時間做很多菜的時候，我會拿一包冰箱常備的米麥雜糧類，加入蔬菜、蛋白質，快速炒成一盤色香味俱全的炒飯。這樣營養更豐富又好吃，而且也不用擔心吃膩！

（ 根莖蔬菜 ）

馬鈴薯、南瓜、芋頭、蓮藕、山藥等根莖蔬菜以及豆類的種類多，而且相較於白飯，熱量和升糖指數更低、營養價值更高，是很優質的澱粉選擇！除了加橄欖油烤一下，還有很多簡單美味的吃法。

米麥雜糧類

根莖蔬菜

高纖炒飯

CHAPTER ⑥ 健康高纖的澱粉主食

高纖三色藜麥飯

藜麥是非常營養的「超級食材」，只是很多人不太擅長處理。白藜麥快熟，紅藜麥有咬勁，黑藜麥煮太久就苦了，因此必須分別煮熟、再混合拌飯，才能吃到一碗粒粒分明、口感豐富的完美藜麥飯。搭配各式主菜，或做成拌飯或冷飯沙拉都好用。

烹調時間
30 分鐘

日常應用
常備菜
便當菜

保存方法
冷藏 4 天

■ 材料（4人份）

黑色藜麥 … 30g　　紅色藜麥 … 30g　　白色藜麥 … 30g

■ 作法

1. 取一個湯鍋放入約 2000cc 的水。先將黑色藜麥放在細孔濾網中，用水沖洗乾淨之後，直接放入湯鍋中，在瓦斯爐火上煮沸後轉中火，讓水保持微微沸騰滾動狀態，計時 10 分鐘。
2. 10 分鐘一到，把紅色藜麥沖洗好放進去，再計時 10 分鐘。
3. 10 分鐘一到，再把白色藜麥沖洗好放進去，計時 8 分鐘。
4. 8 分鐘後計時器響起，確認鍋子中的三種藜麥皆煮到 Q 彈、藜麥中間的白芽彈出，倒出來瀝乾後即可享用。

Chef's Tips

○ 煮好的藜麥可以放在保鮮盒冷藏備用，冷藏大約可保存4天，也可以分裝保鮮袋後冷凍，冷凍保存時間大約1個月（需要時不必加熱，可以直接使用，非常方便）。

○ 因為三種藜麥的烹煮時間不同，如果三種同時一起煮，會導致白色藜麥已經過熟，但是黑色藜麥還煮不熟的狀態，所以建議分開煮，這樣才能享用到最好吃的藜麥。

薑黃燕麥梗米飯

將薑黃粉與燕麥、梗米結合,營養再升級!這碗飯吃起來有淡淡香氣,又有抗發炎、幫助代謝的效果,當作每日主食再適合不過。

烹調時間
30 分鐘

日常應用
小家電
常備菜
便當菜

保存方法
冷藏 3 天

材料(4 人份)

台梗九號米 … 2 杯(約 300g)
燕麥仁 … 50g
飲用水 … 2 杯(約 300cc)
薑黃粉 … 1 大匙

作法

1. 將米、燕麥仁洗乾淨瀝乾之後,放入電鍋的內鍋中,加入飲用水跟薑黃粉,按下開關蒸煮。
2. 等飯蒸好後,至少再燜煮 15 分鐘,即可享用。

Chef's Tips

○ 如果喜歡薑黃的氣味,2 杯米的比例可以加到 2 大匙、4 杯米可以加到 4 大匙,依此類推。
○ 如果是用大同電鍋,外鍋水量大約是 1 杯(150cc)。

苦茶油香黑米飯

苦茶油溫潤，黑米富含花青素與鐵質，兩者結合的風味非常具有台灣在地感。這是一款「元氣系補氣飯」，推薦給早起吃不下但又想補點力氣的你。

烹調時間
30 分鐘

日常應用
小家電
常備菜
便當菜

保存方法
冷藏 3 天

材料（4 人份）

黑米 … 2 杯（約 300g）
飲用水 … 3 杯（約 450cc）
苦茶油 … 50cc

作法

1. 將黑米洗乾淨瀝乾之後，放入電鍋的內鍋中，加入飲用水，按下開關蒸煮。
2. 等飯蒸好後，至少再燜煮 15 分鐘，再把苦茶油加進去攪拌，即可享用。

Chef's Tips

- 苦茶油也可以用芝麻香油取代，會有另外一種風味。
- 如果是用大同電鍋，外鍋水量大約是 1.5 杯（230cc），黑米飯會比較軟 Q。

紅蔥野菇糙米飯

紅蔥頭爆香的香氣，加上野菇的鮮味，融合在糙米飯裡，一口下去根本像在吃健康版的油飯。香氣十足但無負擔，是你想吃點台式風味時的最佳選擇，還非常適合做便當。

烹調時間
30 分鐘

日常應用
小家電
常備菜
便當菜

保存方法
冷藏 3 天

材料（4 人份）

糙米 … 2 杯（約 300g）
熱飲用水 … 3 杯（約 450cc）
紅蔥橄欖油 … 50g
→作法參考 P.054
乾香菇 … 20g

作法

1. 取用一個大碗，將乾香菇用飲用水（材料分量外）泡發後，切成條狀，再瀝乾備用。
2. 將糙米洗乾淨之後，放到要蒸煮的鍋子中，加入熱飲用水與紅蔥橄欖油先浸泡半個小時，再加入瀝乾的香菇，放到電鍋中蒸煮。
3. 等飯蒸好後，至少再燜煮 15 分鐘，即可享用。

CHAPTER ⑥ 健康高纖的澱粉主食

Chef's Tips

○ 煮糙米飯的原則，就是不要混米，單純煮糙米就好。但是糙米因為還沒有碾製成白米，所以必須用熱水浸泡半小時後再煮，米飯才會 Q 彈。
○ 如果是用大同電鍋，外鍋水量大約是 1～1.5 杯（150～230cc），外鍋水越多，糙米越軟。

橄欖油
燕麥毛豆玉米飯

烹調時間
30 分鐘

日常應用
常備菜、便當菜

保存方法
冷藏 2～3 天

誰說健康的拌飯就要無趣？這道拌飯用橄欖油拌炒燕麥、毛豆、玉米，咬起來層次分明、香氣十足。學會這個作法，你就再也不會想買市面上的冷凍拌飯了

材料（2 人份）

高纖三色藜麥飯 ⋯ 150g
→作法參考 P.188
煮好的燕麥仁 ⋯ 50g
市售玉米粒 ⋯ 30g
毛豆仁 ⋯ 50g
冷壓初榨橄欖油 ⋯ 50cc
鹽 ⋯ 1 大匙
義大利綜合香料 ⋯ 1 大匙
黑胡椒碎 ⋯ 1/2 大匙

作法

1　先取用一個小湯鍋，把毛豆仁燙熟之後，取出瀝乾。

2　將毛豆仁與其他所有材料一起放入大碗中，攪拌均勻即可享用。

Chef's Tips

燕麥仁的煮法：取 50g 燕麥仁與 100g 水，用一般電子鍋，像煮白飯的方式一樣烹煮即可。

薑黃牛肉毛豆炒飯

薑黃燕麥飯加入牛肉與毛豆一起拌炒,香氣濃郁、蛋白質滿滿,吃完一碗也不會有罪惡感,是運動訓練日的強力補給飯!

烹調時間
20 分鐘

日常應用
常備菜、便當菜

保存方法
冷藏 2～3 天

材料（4 人份）

薑黃燕麥梗米飯 … 3 碗（約 450g）
→作法參考 P.189
雞蛋 … 2 顆
任一種生牛肉 … 200g
紅洋蔥 … 100g（約 1/2 顆）
小黃瓜 … 50g（約 1/2 條）
燙熟毛豆仁 … 50g
鹽 … 1/2 大匙
黑胡椒碎 … 1/2 大匙
冷壓初榨橄欖油 … 30cc

作法

1. 生牛肉、紅洋蔥、小黃瓜皆切丁。
2. 取用一個有深度的平底鍋,加入橄欖油,開中火加熱,確認油的工作溫度（用木筷放入油鍋中測試,筷子前端冒泡泡的時候）到達之後,把蛋液倒進去,拌炒均勻。
3. 接著加入步驟 1 的材料與毛豆仁,充分炒熱後,就可以把薑黃燕麥梗米飯倒進去。
4. 確認鍋內的飯跟所有材料都炒開炒鬆之後,加入鹽巴與黑胡椒調味,拌炒均勻後即可享用。

Chef's Tips

煮熟的牛肉丁也可以直接使用「洋蔥黑啤酒燉牛肋條」（作法參考 P.138）中的牛肉切丁替代。

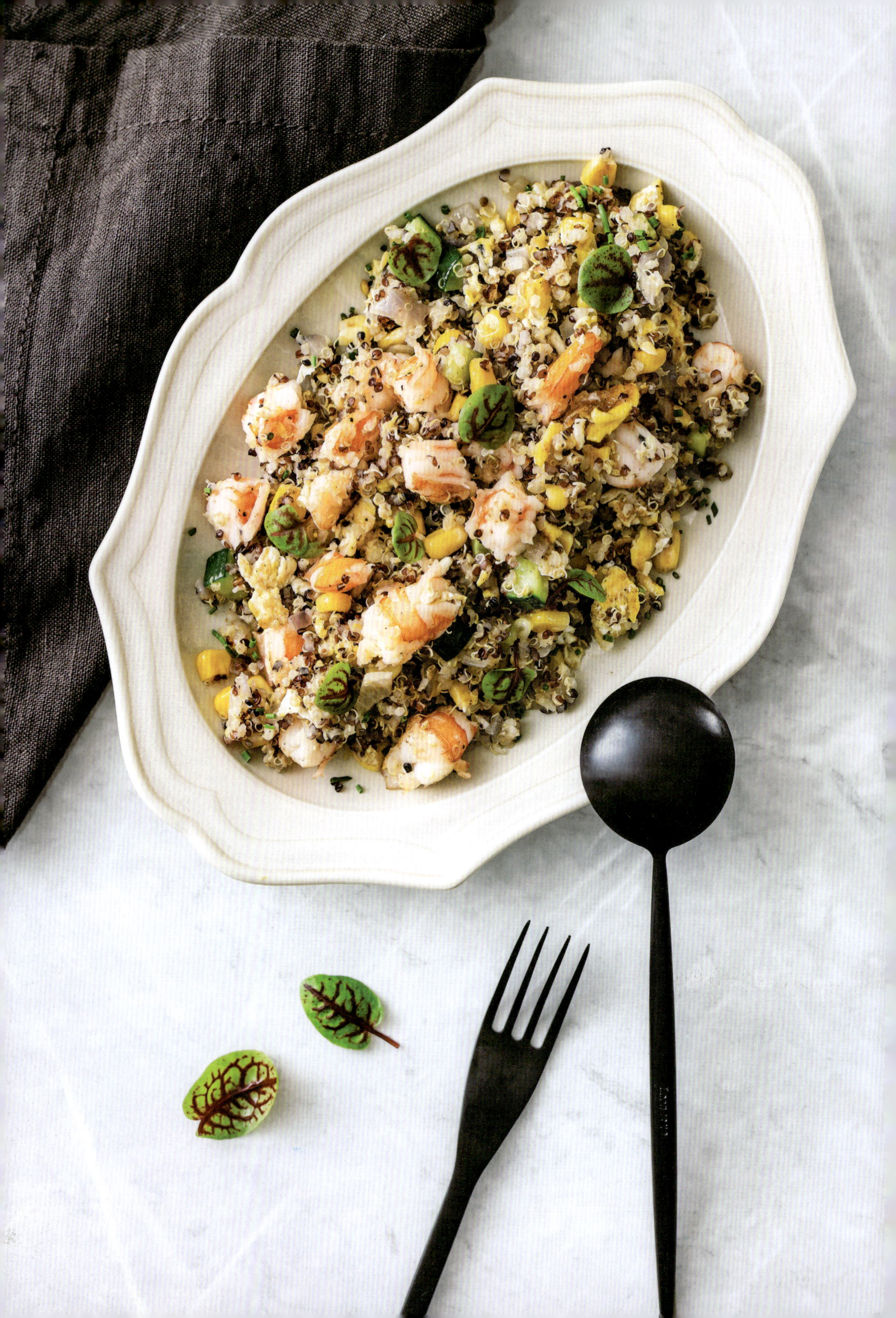

蝦仁三色藜麥炒飯

三色藜麥加上 Q 彈蝦仁，這道炒飯可以說是「優質蛋白質」+「高纖澱粉」一次到位的代表作。我的冰箱裡很常有三色藜麥，藜麥不但是抗氧化的「超級食物」，而且退冰很快，想吃的時候隨時拿出來就能用，非常方便。不想要蝦仁，改加豬肉、牛肉、雞肉也都很好吃，再加點彩椒、洋蔥提味，不只減醣，還吃得超有滿足感。

烹調時間 20 分鐘
日常應用 常備菜、便當菜
保存方法 冷藏 2～3 天

材料（4 人份）

高纖三色藜麥飯 … 3 碗（約 450g）→作法參考 P.188
雞蛋 … 2 顆
熟蝦仁 … 200g
紅洋蔥 … 100g（約 1/2 顆）
小黃瓜 … 50g（約 1/2 條）
玉米粒 … 100g
鹽 … 1/2 大匙
黑胡椒碎 … 1/2 大匙
冷壓初榨橄欖油 … 30cc

作法

1. 將熟蝦仁、紅洋蔥、小黃瓜皆切丁。
2. 取用一個有深度的平底鍋，加入橄欖油，開中火加熱，確認油的工作溫度（用木筷放入油鍋中測試，筷子前端冒泡泡的時候）到達之後，把蛋液倒進去，拌炒均勻。
3. 接著加入步驟 1 的材料與玉米粒，充分炒熱後，就可以把高纖三色藜麥飯倒進去。
4. 確認鍋內的飯跟所有材料都炒開炒鬆之後，加入鹽巴與黑胡椒調味，拌炒均勻後即可享用。

Chef's Tips

蝦仁建議煮熟後再加入炒飯中炒製，以免水分過多，飯粒不夠鬆散，導致口感不好。

黑嘛嘛小魚雞丁炒飯

烹調時間	25 分鐘
日常應用	常備菜、便當菜
保存方法	冷藏 2～3 天

這道炒飯其實是馬可老師有一次在研發月子餐時，意外想到柯俊年老師教過我可以這樣搭配。黑米飯含有豐富的抗氧化花青素、維生素和礦物質，是提升代謝力的優質食材，再加入黑芝麻粉、雞丁與魩仔魚，還有同屬於好油脂的苦茶油，根本就是一碗「營養大補帖」。一匙入口，苦茶油的香氣讓人印象深刻，忍不住就吃完一整碗。熱熱炒一下，放進便當也超香！

▍材料（4人份）

苦茶油香黑米飯 … 3 碗（約 450g）
→作法參考 P.190
苦茶油 … 30cc
帶皮薑末 … 15g
雞蛋 … 2 顆
雞胸肉丁 … 100g
燙熟魩仔魚 … 100g
黑木耳 … 100g
純黑芝麻粉 … 3 大匙
鹽 … 1/2 大匙
黑胡椒碎 … 1/2 大匙
蔥花 … 50g（約 1 支）

▍作法

1. 取用一個有深度的平底鍋，加入苦茶油，開中火加熱，確認油的工作溫度到達之後（用木筷放入油鍋中測試，筷子前端冒泡泡的時候），先把薑末炒香，再把蛋液倒進去拌炒均勻。

2. 接著加入雞胸肉丁、燙熟魩仔魚、切碎的黑木耳，充分炒熱後，再把苦茶油香黑米飯倒進去拌炒均勻。

3. 確認鍋內的飯跟所有材料都炒開炒鬆之後，加入純黑芝麻粉、鹽巴與黑胡椒調味，拌炒均勻後撒上蔥花，即可享用。

Chef's Tips
苦茶油也可換成黑麻油。

CHAPTER ⑥ 健康高纖的澱粉主食

花枝彩椒紅蔥野菇炒飯

烹調時間	**20 分鐘**
日常應用	**常備菜、便當菜**
保存方法	**冷藏 2～3 天**

前面有教大家怎麼做「紅蔥野菇糙米飯」，如果你有多煮，可以先放冰箱冷藏，隔天再炒個花枝丁（或是其他蛋白質食材）和蔬菜，一盤海陸合體炒飯立刻登場！不同食材中含有的營養素都不同，例如紅椒有茄紅素、黃椒有類黃酮，盡量加入多樣化的食材，不僅口味讓家人驚喜連連，健康也都一起顧到了！

材料（4 人份）

紅蔥野菇糙米飯 … 3 碗（約 450g）
→作法參考 P.191
雞蛋 … 2 顆
花枝 … 500g（約 2 隻）
洋蔥 … 100g（約 1/2 顆）
紅甜椒 … 100g（約 1/2 顆）
黃甜椒 … 100g（約 1/2 顆）
小黃瓜 … 50g（約 1/2 條）
鹽 … 1/2 大匙
黑胡椒碎 … 1/2 大匙
冷壓初榨橄欖油 … 30cc

作法

1. 將花枝、洋蔥、甜椒、小黃瓜皆切丁。
2. 取用一個有深度的平底鍋，加入橄欖油，開中火加熱，確認油的工作溫度到達之後（用木筷放入油鍋中測試，筷子前端冒泡泡的時候），把蛋液倒進去，拌炒均勻。
3. 接著加入步驟 1 的材料，充分炒熱後，就可以把紅蔥野菇糙米飯倒進去。
4. 確認鍋內的飯跟所有材料都炒開炒鬆之後，加入鹽巴與黑胡椒調味，拌炒均勻後即可享用。

Chef's Tips

可以將花枝替換成任何一種你喜歡的海鮮類。

CHAPTER ⑥ 健康高纖的澱粉主食

地中海風味烤馬鈴薯

地中海人超愛這一味！馬鈴薯含有增強免疫力的維生素，而且低熱量不容易胖，切塊後搭配香料、橄欖油、海鹽下去烘烤，外酥內嫩，完全不需要炸就很好吃。這種吃法既有飽足感又不容易暴血糖，是晚餐配菜的常勝軍。

烹調時間
25 分鐘

日常應用
小家電、常備菜、便當菜

保存方法
冷藏 2～3 天

材料（4 人份）

馬鈴薯 … 600g
義大利綜合香料 … 1/2 大匙
鹽 … 1/3 大匙
二號砂糖 … 1/4 大匙
黑胡椒碎粒 … 1/4 大匙
冷壓初榨橄欖油 … 100cc

作法

1. 先將馬鈴薯洗乾淨後，不削皮切成塊狀備用。
2. 取用一個大碗，將所有材料放入後，攪拌均勻。
3. 將烤箱預熱到180℃後，將步驟 2 放在烤盤上，烤大約 8～10 分鐘，即可享用。

迷迭香氣炸南瓜片

南瓜切片後用迷迭香與橄欖油拌勻，送進氣炸鍋，幾分鐘就搞定，絲毫不費力。甜甜的南瓜遇上香料，完全升級！

烹調時間 30 分鐘

日常應用 小家電、常備菜、便當菜

保存方法 冷藏 2～3 天

■ 材料（4 人份）

任何品種的南瓜 … 600g
嫩薑 … 10g
乾燥迷迭香葉 … 1 大匙
鹽 … 1/2 大匙
二號砂糖 … 1/2 大匙
冷壓初榨橄欖油 … 100cc

■ 作法

1. 先將南瓜洗乾淨後，去籽、切成大約 1cm 厚的片狀。嫩薑切絲備用。
2. 取用一個大碗，將所有材料放入後，攪拌均勻。
3. 將氣炸鍋或烤箱預熱到 180℃後，將步驟 2 放在烤盤上，烤大約 8～10 分鐘，確認南瓜熟透即可享用。

Chef's Tips

只要將南瓜外皮洗乾淨，強烈建議帶皮烤，風味更佳。

薑黃松露風味馬鈴薯泥

這道是我的「減重時期奢華感代表作」！馬鈴薯搭配薑黃提升代謝，拌上幾匙松露醬後，香氣瞬間變身高級餐廳料理，是犒賞自己的療癒美食。

烹調時間
50 分鐘

日常應用
常備菜

保存方法
冷藏 2～3 天

材料（5人份）

馬鈴薯 … 250g
牛奶 … 250cc
飲用水 … 50cc
冷壓初榨橄欖油 … 25cc
鹽 … 1/4 大匙
薑黃粉 … 1/2 大匙
市售松露醬 … 1 大匙
動物性鮮奶油 … 約 50cc

作法

1 先將馬鈴薯洗乾淨、削去外皮後切成小塊。

2 取用一個大湯鍋，將松露醬、動物性鮮奶油以外的所有材料放入，開大火煮到沸騰後，轉小火燉煮 20 分鐘，確認馬鈴薯煮到軟爛。

3 以手持式調理機打成泥狀，可以視黏稠度適量加入動物性鮮奶油調整。完成後，加入松露醬攪拌均勻，即可享用。

白花椰菜馬鈴薯泥

烹調時間
50 分鐘

日常應用
常備菜

保存方法
冷藏 2～3 天

傳統馬鈴薯泥很美味，但總讓人擔心太飽太脹，加入花椰菜後，口感更輕盈、纖維更充足，還能吃到細緻綿密的層次感，是主餐的最佳配角！

材料（5人份）

白花椰菜 … 150g
馬鈴薯 … 250g
牛奶 … 250cc
飲用水 … 50cc
冷壓初榨橄欖油 … 25cc
鹽 … 1/4 大匙
動物性鮮奶油 … 約 50cc

作法

1. 先將馬鈴薯洗乾淨、削去外皮後切成小塊。將白花椰菜分切小朵、去除外皮粗纖維。
2. 取用一個大湯鍋，將動物性鮮奶油以外的所有材料放入，開大火煮到沸騰後，轉小火燉煮 20 分鐘，確認馬鈴薯煮到軟爛。
3. 以手持式調理機打成泥狀，可以視黏稠度適量加入動物性鮮奶油調整，完成後即可享用。

黃檸檬風味雙色地瓜球

烹調時間 60 分鐘

日常應用 小家電 常備菜

保存方法 冷藏 2～3 天

地瓜不用多說，大家都知道是高纖澱粉的好選擇，香甜、軟綿又有飽足感！其中紫地瓜更是含有花青素的抗氧化食材。將地瓜蒸熟後加上黃檸檬汁與一點橄欖油，再捏成小球，冷藏後口感紮實、有點 Q 感，又帶有開胃的自然清香。就算不經油炸也好吃，大人吃健康，小孩吃開心！

材料（4 人份）

紫地瓜 … 300g
紅地瓜 … 300g
黃檸檬汁 … 100cc
任一種堅果（敲碎）… 50g
牛奶 … 25cc
冷壓初榨橄欖油 … 25cc
鹽 … 1/4 大匙

作法

1. 將地瓜洗淨後，不削皮，放入電鍋或蒸鍋中蒸 40 分鐘左右，取出放涼備用。
2. 取用兩個大碗，將其他所有材料平均分成兩份，個別放進碗中。
3. 將蒸好的紫色地瓜、紅色地瓜去除外皮後，分別放進步驟 2 的碗中，搗碎混合均勻後，即完成雙色地瓜泥。

Chef's Tips

- 地瓜不削皮直接蒸煮，風味比較出色，營養也比較不容易流失。
- 每顆地瓜大小不同，蒸煮時間須適度調整，可於 40 分鐘後用筷子戳入測試是否蒸熟。
- 黃檸檬汁不宜過多，太多會導致口感不佳。
- 照片使用的堅果是核桃仁，但可換成任何一種個人喜歡的堅果類。

CHAPTER ⑥ 健康高纖的澱粉主食

EVERYDAY'S MEDITERRANEAN MEALS

BELLO RATO

每天的日常，
都值得一滴真正好油

西班牙哈恩直送　單一莊園　冷壓初榨　絕不混油

熟女 Picual
三個月熟成的橄欖果實
香氣 穩重深沉

厚實的番茄與番茄藤香氣，揉合新割青草、杏仁堅果與淡淡胡椒的尾韻。中度苦味與後段舌尖辛辣感，是老饕最愛的層次系橄欖油。

青仔 Early Harvest Picual
三週熟成的早摘果實
香氣 奔放鮮明

綠草的清新氣息，交織成熟無花果與紅蘋果的甜潤，細緻點綴杏仁與青核桃香。口感醇厚、層次豐富，最令人驚艷的是那苦味與辛辣的完美平衡，令人回味無窮。

混血兒 Arbequina x Picual
二個月熟成果實
溫潤果香 的日常萬用款

香氣溫潤飽滿，蘊含芭樂、番茄的果香與熟香蕉的甜感。果味奔放但口感柔和，不帶苦澀，在口中輕盈滑順，是讓人天天想用的那款！

國際肯定 World Renowned

日本橄欖油大賞 金賞獎　　日本橄欖油大賞 金賞獎　　歐盟PDO原產地認證　　美國LA橄欖油大賞 金牌獎

Bello Rato 美好片刻
橄欖油讀者限定優惠

官網購物輸入折扣碼：**marco_book**
享 **9** 折優惠（每帳號限用一次）

官方網站訂購　　LINE@訂購　　Instagram

我們相信：只要用對油、選對食材，日常就能充滿儀式感
與所愛的人，好好吃飯，一起走得長久又健康
Bello Rato 美好片刻的起點，是一段思念與愛的旅程

台灣廣廈 國際出版集團 Taiwan Mansion International Group

國家圖書館出版品預行編目（CIP）資料

高代謝地中海日常菜: 早午餐×便當菜×常備菜,「全球最佳飲食法」75道減醣低卡速簡料理 /謝長鴻(馬可)著. -- 初版. --
新北市：台灣廣廈, 2025.07
208 面；19×26 公分
ISBN 978-986-130-660-5（平裝）
1.CST: 食譜 2.CST: 健康飲食

427.12   114006489

台灣廣廈

高代謝地中海日常菜

早午餐×便當菜×常備菜,「全球最佳飲食法」75道減醣低卡速簡料理

作　　　者／謝長鴻（馬可）	編輯中心總編輯／蔡沐晨・編輯／許秀妃
攝　　　影／Hand in Hand Photodesign 　　　　　璞真奕睿影像	封面設計／曾詩涵 內頁排版／菩薩蠻數位文化有限公司
料 理 協 力／羅以晴	製版・印刷・裝訂／東豪・弼聖・秉成
拍攝品贊助／Bello Rato 拉芙油有限公司	

行企研發中心總監／陳冠蒨
媒體公關組／陳柔彣
綜合業務組／何欣穎

發 行 人／江媛珍
法 律 顧 問／第一國際法律事務所 余淑杏律師・北辰著作權事務所 蕭雄淋律師
出　　　版／台灣廣廈
發　　　行／台灣廣廈有聲圖書有限公司
　　　　　　地址：新北市235中和區中山路二段359巷7號2樓
　　　　　　電話：(886)2-2225-5777・傳真：(886)2-2225-8052

代理印務・全球總經銷／知遠文化事業有限公司
　　　　　　地址：新北市222深坑區北深路三段155巷25號5樓
　　　　　　電話：(886)2-2664-8800・傳真：(886)2-2664-8801
郵 政 劃 撥／劃撥帳號：18836722
　　　　　　劃撥戶名：知遠文化事業有限公司（※單次購書金額未達1000元，請另付70元郵資。）

■出版日期：2025年07月　　　■初版2刷：2025年08月
ISBN：978-986-130-660-5　　版權所有，未經同意不得重製、轉載、翻印。

Complete Copyright © 2025 by Taiwan Mansion Publishing Co., Ltd.
All rights reserved.